高等院校精品课程实验教材

动物学实验
Laboratory Manual of Zoology

主　编　张润锋　侯建军
副主编　支立峰　顾　勇　徐　平

华中科技大学出版社
中国·武汉

内 容 简 介

本教材是在借鉴国内外同类教材的基础上编写而成的,内容编排以动物进化为主线,按照从低等到高等的序列分为 12 个模块。本教材保留了动物学实验的经典内容,基础实验部分共安排了 21 个实验,配合理论课教学,验证课堂教学内容,学习基本实验方法和技术。基础实验内容涉及各门类代表动物的形态观察与解剖、常见种类的描述、昆虫纲和脊椎动物各纲的分类。另外,在其中 5 个模块中设置了 5 个案例研究实验,作为探究性实验的范例,以突出实验教学的地方性和设计性特色,理论联系实际地培养学生独立思考、综合分析和创新的能力,全面提高学生的科研素质。

本教材适用面广,可选择性强,可供各类高等院校生物学、农林科学等专业学生使用。

图书在版编目(CIP)数据

动物学实验/张润锋　侯建军　主编．—武汉:华中科技大学出版社,2011.11 (2022.12重印)
ISBN 978-7-5609-7504-7

Ⅰ.动… Ⅱ.①张… ②侯… Ⅲ.动物学-实验-高等学校-教材 Ⅳ.Q95-33

中国版本图书馆 CIP 数据核字(2011)第 232393 号

动物学实验　　　　　　　　　　　　　　　　　张润锋　侯建军　主编

责任编辑:尚利娜
封面设计:刘　卉
责任校对:周　娟
责任监印:徐　露

出版发行:华中科技大学出版社(中国·武汉)　　电话:(027)81321913
　　　　　武汉市东湖新技术开发区华工科技园　　邮编:430223
录　　排:华中科技大学惠友文印中心
印　　刷:广东虎彩云印刷有限公司
开　　本:710mm×1000mm　1/16
印　　张:10.5
字　　数:222 千字
版　　次:2022 年 12 月第 1 版第 5 次印刷
定　　价:29.00 元

本书若有印装质量问题,请向出版社营销中心调换
全国免费服务热线:400-6679-118　竭诚为您服务
版权所有　侵权必究

前　言

　　动物学是一门实验性很强的学科,实验在动物学教学中占有重要的地位,动物学实验在很多高等学校的生物科学专业中已经单独作为一门重要的基础实验课而开设。2001 年,教育部在《关于加强高等学校本科教学工作提高教学质量的若干意见》中强调"进一步加强实践教学,注重学生创新精神和实践能力的培养",并指出"实践教学对于提高学生的综合素质、培养学生的创新精神与实践能力具有特殊作用。高等学校要重视本科教学的实验环节,保证实验课的开出率达到本科教学合格评估标准,并开出一批新的综合性、设计性实验"。依据这一精神,我们集多年实验教学和科研经验,借鉴国内外同类优秀教材,不断尝试实验教学改革,编写了这本《动物学实验》。

　　本教材是在湖北师范学院国家级生物学实验教学示范中心自编校级精品课程教材《动物学实验指南》基础上优化而成的。内容编排以动物进化为主线,分为 12 个模块。基础实验部分共有 21 个实验,保留了动物学实验的经典内容,配合理论课教学,验证课堂教学内容,学习基本实验方法和操作技术,掌握动物学的基本知识与技能。另外,在我们多年实验教学改革和科研基础上,于 5 个模块中分别设置了 5 个案例研究,采用多种实验手段,开设多层次实验教学内容,突出了地方特色和动物学与其他学科的交叉,理论联系实际地培养学生独立思考能力、综合分析能力和创新意识,全面提高学生的综合素质。

　　本教材由湖北师范学院侯建军教授组织编写,书中无脊椎动物基础实验部分由张润锋、顾勇编写,脊椎动物基础实验部分由张润锋、支立峰编写,案例研究由侯建军、张润锋编写。全书由侯建军、张润锋统稿,由侯建军、徐平校稿。

　　本教材得到湖北师范学院国家级生物学实验教学示范中心专项经费资助。承蒙湖北师范学院和华中科技大学出版社的大力支持,在此谨表示衷心的感谢。书中引用了其他作者部分内容,在此致以诚挚的谢意。

　　限于编者的水平,书中难免存在缺点和错误,恳请各位同仁和读者批评指正。

编　者
2011 年 5 月

目 录

动物学实验守则 ··· (1)
生物绘图法 ··· (3)
模块一　动物的细胞和组织 ·· (6)
　　实验一　动物的细胞和组织观察 ··· (6)
模块二　原生动物 ··· (9)
　　实验二　自由生活的原生动物 ··· (9)
　　实验三　草履虫种群在有限环境中的逻辑斯谛增长 ···························· (12)
　　案例研究　淡水湖泊原生动物的多样性——青山湖原生动物的调查 ···· (15)
模块三　多细胞动物的胚胎发育 ··· (21)
　　实验四　蛙早期胚胎发育的观察 ··· (21)
模块四　腔肠动物 ··· (27)
　　实验五　水螅及其他腔肠动物 ··· (27)
模块五　扁形动物 ··· (32)
　　实验六　三角涡虫和猪带绦虫 ··· (32)
　　案例研究　涡虫的再生实验 ·· (35)
模块六　假体腔动物 ·· (42)
　　实验七　蛔虫的外部形态与内部结构 ··· (42)
模块七　真体腔动物(环节动物和软体动物) ·· (47)
　　实验八　蚯蚓的外部形态和内部结构 ··· (47)
　　实验九　河蚌的解剖和其他软体动物 ··· (52)
　　案例研究　网湖湿地自然保护区淡水双壳类资源状况的调查 ·············· (56)
模块八　节肢动物 ··· (61)
　　实验十　螯虾的外部形态与内部解剖 ··· (61)
　　实验十一　蝗虫的外部形态和内部解剖 ·· (67)
　　实验十二　昆虫的分类 ··· (72)
　　案例研究　天堂寨昆虫资源的调查 ·· (81)
模块九　脊椎动物的外部形态与内部解剖 ·· (85)
　　实验十三　鲤鱼的外部形态与内部解剖 ·· (85)

实验十四　青蛙的解剖 ·· (91)
　　实验十五　家鸡(鸽)的外部形态与内部解剖 ································· (96)
　　实验十六　家兔的外部形态与内部解剖 ·· (101)
模块十　脊椎动物的分类 ·· (110)
　　实验十七　鱼纲的分类 ·· (110)
　　实验十八　两栖动物及爬行动物的分类 ·· (123)
　　实验十九　鸟类的分类 ·· (136)
　　实验二十　哺乳动物的分类 ·· (143)
模块十一　动物标本的制作 ··· (149)
　　实验二十一　脊椎动物骨骼标本的制作 ·· (149)
模块十二　动物生态 ·· (153)
　　案例研究　土壤动物的调查 ·· (153)
参考文献 ··· (161)

动物学实验守则

一、动物学实验课的目的和要求

1. 实验目的

动物学实验课既与理论课互补,又相对独立。通过实验课的学习,能巩固和充实理论课所学的知识,掌握基本操作技术,提高独立工作的能力,学会运用比较、分析和综合的科学方法解决问题,培养创新意识和团队精神,全面提高综合素质。

2. 实验要求

(1) 实验前,应作好预习,明确该次实验的目的、要求、内容和操作方法,针对实验内容复习相关的理论课内容。

(2) 实验开始时,应注意听取指导教师对实验的提示和注意事项,严格遵守实验操作要求,仔细观察,认真、按时完成实验作业和报告。

(3) 一般实验课的大部分时间用于观察及解剖,小部分时间用于完成作业,最后有 5~10 min 用来回顾和总结。

二、实验课的进行程序和要求

(1) 预习。学生在课前应认真预习实验指导以及教材的有关章节,必须对该次实验的目的、要求、基本原理和操作方法有一定的了解。

(2) 讲解。指导教师对该实验内容的安排及注意事项进行讲解,让学生有充分的时间按实验指导的要求进行独立操作与观察。

(3) 独立操作与观察。除个别实验分组进行外,其他实验一般由学生个人独立进行操作和观察。在实验中要按实验指导认真操作,仔细观察,并做好记录。

(4) 示教。每次的实验都备有示教内容,目的是帮助学生了解某些实验中的难点,增加在有限时间内获得更多感性知识的机会。

(5) 作业和报告。实验报告强调科学性,应实事求是地记录、分析和综合实验结果。实验报告要求提供实验目的、原理、必要的记录(包括表格和绘图)。实验报告要条理分明,要点突出,在实验结束时呈交。学生应认真阅读指导教师批改后的实验报告,不断提高实验质量。

(6) 小结。实验结束后,由指导教师和学生共同小结本次实验的主要收获及今后应注意的问题。

三、实验规则和注意事项

(1) 每次上课前必须认真阅读实验指导,明确本次实验的目的、要求、原理和注意事项,熟悉实验内容、方法和步骤。

（2）上实验课时必须携带实验指导、实验报告纸及绘图文具等，按规定座位入座。

（3）实验前要认真检查所用仪器、药品是否完好、齐备，如有缺损应及时向指导教师报告，自己不得随意调换标本、仪器等。没有得到指导教师的允许，不能动用实验室其他非本次实验所用的仪器设备。

（4）实验时要遵守纪律，有问题时举手提问，严禁谈笑喧哗，不准在实验室进食和会客。

（5）实验时要遵守实验操作规程，严格按照指导教师的安排和实验指导的要求进行。使用显微镜检查非永久装片时，要特别小心，以防止染料或试剂玷污镜头和镜台，不要用高级显微镜观察非永久装片。操作要规范，观察要仔细认真，及时完成实验报告。

（6）爱护仪器、标本和器材设备，注意节约实验材料、药品和水电。如有损坏的器材应立即报告，并主动登记、说明情况。凡是装有化学药品的试剂瓶和溶液瓶必须贴上标签，注明名称、成分、浓度、配制日期等。

（7）实验结束后应清理实验台面，所有液体废物、酸类、染料等应倒在废物缸内，不能倒在水槽中。认真清理好仪器、药品及其他用品，并放回原处。值日生要负责清扫地面，收拾实验用品，处理垃圾，关好水、电、门窗后方能离开。

生物绘图法

生物绘图在生物学研究及教学中十分重要,尤其是在分类学、形态学、组织学、解剖学和胚胎学等研究方面,观察结果常以绘图的形式记录下来。绘图要求具有科学性、真实性,即要真实准确地反映被观察和研究的材料的主要特征。绘图不仅可以替代烦琐的文字描述,而且其精确、简练、具体和形象化的特点使人看后一目了然。因此,绘图是学习生物学不可缺少的基本技能。要描绘出清晰、真实的生物绘图,关键是要正确地观察,养成耐心细致、严肃认真的观察习惯。生物绘图不同于美术绘画,美术绘画常以密线条或疏线条涂抹阴影的方法表示颜色深浅明暗,生物绘图尤其是画显微结构图则不可用涂抹阴影的方法,而使用点的疏密表示物质的稀薄与浓密、颜色的深与浅,线条只用来勾勒轮廓,整个绘图要求线条清晰,简单明了,具有真实感。

【生物绘图的种类及其特点】

根据描绘对象、使用范围以及题材表现的性质,可以将生物绘图划分为以下几种类型。

(1) 个体外部形态特征图:常用于分类学方面,要求按照生物体类群划分的原则和规律,将各个物种典型的个体形态特征和结构部位的相对位置关系及比例生动、准确、明了地表现出来。

(2) 局部解剖构造图:常用于形态学及比较解剖学的研究,着重对某些肉眼不易观察的细小器官、组织或重要部位及局部构造进行适当放大,并且分层分部按照着生的顺序——准确地反映出来。

(3) 显微玻片标本图:常用于细胞学、组织学研究,要求把显微镜视野中所见到的微观图像,用简明的线条和点准确地描绘出来。

(4) 示意图:为了说明生物学知识中某一个问题,运用图解的方式,专门设计绘制的一种解说性图。常用于那些不宜直接应用某一具体形象说明的实验装置与结果,如对生命活动的过程、生命物质的转运、生物体相互之间的关系等概念的形象化表达,它要求内容简明扼要,选材重点突出,用笔简单概括,表达的逻辑性和科学性强。

(5) 生态景观图:为了表明生物个体或群体的生活习性和生态环境与自然条件的关系而创作的图画。这类绘图从表现手法上看,十分接近于一般绘画中的局部写生画和风景写生画,但其创作目的、对作品的要求及各自所担负的使命不同,前者以揭示生物个体或种群与所处环境条件的关系为目的,以实物画的要求来创作,从而展示出特定的科学内容;后者则以艺术鉴赏为目的,按艺术创作的规律进行创作,以达到陶冶精神的需要。

【生物绘图的步骤】

1. 准备阶段

配备铅笔(HB 铅笔一支,2H 或 3H 铅笔一支)、直尺、橡皮和绘图纸(实验报告纸即可)。

认真观察绘图对象,学习相关理论,掌握实物的结构特点,对其外形、色彩、花纹、斑点、毛茸以及各部分生长位置等有一个整体的感性认识。

2. 构思与绘图

(1) 根据生物绘图的原则和内容的需要,对画面布局进行构思。

认真观察绘图对象,依据实际观察的图像,选取较为完整、典型和显著的部分绘图,切忌抄书和凭空想象。有时图像较好的部分不是集中在一起,可以把分散的凑成一个较为完整的画面,以保证形态结构的准确性、完整性,并实现生物绘图的科学性。充分合理地利用画面空间,所画对象的主要部分应尽可能排在画幅的主要位置,构图要左右均衡、上下安定,画面要主次分明、虚实结合,要通过有限的画面准确反映物体的主要形态特征、各部分的构造、相互之间的比例关系等。

(2) 把头脑中已设计好的"无形画稿"转移到图纸上来,形成一个准确、协调、完整、优美的画面。

选好绘图部分后,按照一定的放大或缩小的比例先用中软铅笔(HB)轻轻勾画出标本的轮廓,画出标本的大致形状,包括各部分的联系,再仔细核对标本,加以修改,然后用较硬铅笔(2H)用清晰准确的线条画出。在布局范围内,图画应在实验报告纸的稍偏左侧,留出右侧,等定稿后标明图注。

绘图时应注意:所绘图形各部分的位置和比例必须与观察的各部分的位置及比例相一致,因此要求在一开始就随时注意用"量"、"测"、"比"的方法,把握每一结构的准确位置,及时调整画稿中与实物比例不一致的地方。

图上只能用线条和圆点表示明暗和颜色深浅,不可涂黑衬阴影。线条一笔勾出,粗细均匀,光滑清晰,切勿重复描绘。注意线条的方向和角度,避免线条的方向与角度脱离原物,出现失真变形的现象。点圆点时,把铅笔立起来点,圆点要圆而均匀,不要点成小撇。圆点由明到暗要有过渡,从全无到稀疏再到浓密。根据实物受光情况,由疏到密分层施点,做到明暗协调。

3. 定稿与图形注释

对草图进行全面的检校,查看有无缺漏和不当之处,及时发现、修正和补充。审定无误后用削尖的 HB 铅笔将有效线条复描一次,定稿保存。

定稿后,用洁净的软橡皮顺着线条的方向将草图轻轻擦去,然后对图中各部分结构作出简明图注。向图中各部分结构右侧或两侧引出平行线,末端注明名称。引线要整齐,注字要工整,一般用楷书横写,上下尽可能对齐。绘图区域正上方标明实验题目,图的正下方标明图的比例和名称。

【实验报告中的绘图】

　　实验报告中的绘图,虽然需要运用生物绘图的基本知识和技法,但在表现形式上与完全写实的生物绘图有所区别。实验报告中的绘图除了基本形态结构、组织结构一般要求依据标本材料如实描述外,对于示意图、模式图、简图及框图等表意性内容,可根据情况对图像作典型化、抽象化、归纳化处理。因此,实验报告中的绘图既要求遵循生物绘图的基本原则,在表现形式上又可不局限于生物绘图的要求。实验报告中的绘图常用于形态学、系统学、分类学、解剖生理学等课程,在教学实践中尤以植物学和动物学实验报告中的绘图内容居多。

　　1. 多种细胞形态的画法

　　生物不同组织和类型的细胞因其存在部位以及功能的不同,在形态结构上具有不同的特点,在描绘时应注意观察,予以区别,以免描绘时因为草率粗心,造成"游离细胞"、"开放细胞"、"重叠细胞"等错误。

　　2. 简略图的画法

　　简略图又称图解图,是一种将众多具有相似结构的部分或与周围具有明显差别的部分以简明扼要的轮廓线条标出其所处位置的图示方法,多用于形态解剖方面。在应用中主要存在以下两种方式。

　　(1) 全简略:全图不对任何细微结构作详细如实的刻画。

　　(2) 大部分简略:在全简略的基础上,选择对其中某一个或某些局部的细微结构进行写实描绘,通过对代表性的典型局部刻画,了解全部。

　　3. 逐级放大图的画法

　　借助显微镜可将肉眼无法看清的微观结构放大,使人一目了然。但是这种局部的高度放大,使人无法直观了解局部与整体的位置关系,因此采用逐级放大的方法可使读者了解放大的微观图像的来龙去脉。

模块一 动物的细胞和组织

实验一 动物的细胞和组织观察

【目的与要求】

(1) 掌握动物细胞的基本结构及有丝分裂各期的特点。

(2) 掌握动物四大基本组织的结构特点,加深对组织的结构与功能相统一的认识。

(3) 学会制作临时装片,熟练应用显微镜。

【材料与用具】

(1) 实验动物和材料:人口腔上皮细胞、疏松结缔组织及血液组织(活蛙或蟾蜍)、横纹肌(蝗虫浸制标本)、细胞有丝分裂制片、复层扁平上皮、透明软骨、平滑肌及神经组织等组织的切片。

(2) 试剂:1%亚甲基蓝溶液和0.1%亚甲基蓝溶液、0.7%生理盐水和0.9%生理盐水、蒸馏水。

(3) 器材和仪器:载玻片、盖玻片、解剖器、吸管、吸水纸、牙签。

【方法与步骤】

1. 人口腔上皮细胞

在干净的载玻片上滴加一滴0.9%生理盐水,用牙签轻刮口腔内面颊部,将刮下的白色黏液物质在载玻片的液滴内轻轻涂抹,使其均匀分散,加盖洁净的盖玻片(用镊子夹住盖玻片一边,让另一边与载玻片液滴边缘接触,缓慢放下,以防止气泡产生),用吸水纸吸取多余的液体,制成临时装片。

在低倍镜下观察,找到轮廓清楚的上皮细胞,然后将细胞移到视野中心,再转换高倍镜观察。口腔黏液上皮细胞三五成群,每个细胞呈扁平多边形,中央是圆形的细胞核,细胞核周围是颗粒状的细胞质,最外是细胞膜。如果细胞结构观察不够清楚,可在盖玻片一侧滴加一滴0.1%亚甲基蓝溶液,在盖玻片另一侧用吸水纸吸水,染液可浸过标本使细胞染色,再置于显微镜下观察。

2. 蛙疏松结缔组织

处死活蛙(用布包裹活蛙,露出头部,将解剖针自蛙的枕骨大孔刺入,斜向前捣毁脑,再转向后方刺入椎管,破坏脊髓),剪开背部或腹部皮肤,在皮肤与肌肉组织之间取下一小片白色透明的膜状物,贴在干净的载玻片上,铺平,加一滴1%亚甲基蓝溶液。2 min后,用0.7%生理盐水冲去多余的染液,盖上盖玻片,在显微镜下观察。

疏松结缔组织是由大量的基质(透明的胶状体)及分布在基质中的各种纤维和细

胞组成。

常见的纤维有胶原纤维和弹性纤维两种。胶原纤维呈带状,波浪式或平直式排列,并互相交错。胶原纤维由胶原蛋白组成,有韧性,很多很细的胶原纤维集合成束,染色后呈淡紫色。基质中许多纵横交错排列的细纤维(不成束,染成紫黑色)即弹性纤维,弹性纤维由弹性蛋白组成,其弹性很大,韧性较小。

疏松结缔组织的细胞种类很多,它们分散在基质中,常见的有成纤维细胞和组织细胞。成纤维细胞是疏松结缔组织中的主要细胞,细胞原生质突起较多,形状不规则,细胞质染色很淡,故轮廓不清楚;细胞核呈椭圆形,着色较细胞质稍深,故往往容易将细胞核误认为是整个细胞。组织细胞又称为巨噬细胞,细胞轮廓清楚,具有短而圆钝的突起,细胞质染色颗粒较多,细胞核呈椭圆形,染色比成纤维细胞的稍稍深些。组织细胞数量较少,需仔细寻找。

在低倍镜下,可观察到大量成束的胶原纤维和单根弹性纤维。纤维不着色,着色部分为细胞成分。在高倍镜下,胶原纤维弯曲呈波浪状;弹性纤维细且分支,无波浪状弯曲。细胞核着色深,细胞质着色浅。

3. 骨组织(长骨横截面磨片)

取长骨横截面磨片于低倍镜下观察,视野中许多以同心圆排列的单元即是一个哈佛氏系统(骨单位)。其中间有空腔(往往被染料堵塞而为黑色),即哈佛氏管,有时可见两管之间有横管相连,即伏氏管。哈佛氏系统中围绕哈佛氏管排列的圆筒形骨板称为哈佛氏骨板。在两层骨板之间排列着的整齐的空隙即是胞窝,但在玻片中往往因染料的原因看不到一个个的空隙,而只能看到许多排列整齐的黑点。骨细胞在胞窝内(细胞轮廓看不清楚),细胞多突起。胞窝周围的细丝是骨小管。哈佛氏系统之间的骨板是间骨板;位于骨干表层、骨膜以内的骨板为外环骨板;位于骨干的最内层、围绕骨髓腔的骨板为内环骨板;往往因取材时只取一小部分而未取到内、外环骨板,故多数玻片看不到这两种骨板。

4. 软骨组织(透明软骨玻片)

软骨组织由软骨细胞、纤维和基质构成。基质被染成均匀的颜色,基质中有许多椭圆形或圆形的胞窝,胞窝中常有 2 个或 4 个软骨细胞聚在一起,细胞核着色深,细胞质着色浅,细胞界限清楚。

5. 肌肉组织

(1) 横纹肌。用镊子从保存的蝗虫浸制标本胸部取下一小束肌肉,置于载玻片上,加 0.7% 生理盐水 1~2 滴,用解剖针仔细分离,越细越好,加盖玻片制成临时装片。

蝗虫的肌肉为横纹肌,肌肉组织由长形的肌纤维组成,外面包裹的一层薄膜称为肌膜。在低倍镜下,可见许多细长的肌纤维。在高倍镜下,可见细胞中与其长轴平行排列的许多细丝状物,即肌原纤维。肌原纤维具有明暗相间的横纹。细胞核数量多,呈椭圆形,位于肌原纤维的周缘及细胞膜内面,故横纹肌为多核的合胞体。如果观察不够清晰,可用0.1%亚甲基蓝溶液染色。

(2) 平滑肌(猫胃横切片)。在低倍镜下呈现粉红色的为肌肉层,肌肉由很多长梭形的平滑肌细胞组成。平滑肌细胞具有一个蓝紫色的细胞核,位于细胞中间,细胞内有许多纵行排列的肌原纤维,在光学显微镜下看到的肌细胞为均匀的结构。

6. 神经组织

在显微镜下观察兔脊髓切片,可见细胞形状不规则,呈椭圆形或多角形,细胞核呈圆形或椭圆形,位于细胞的中部,核仁明显。细胞质中有许多不规则的蓝色小块,称为尼氏小体。神经细胞具有突起,树突一般具有数个突起,较粗短,有许多分支,基部含尼氏小体;轴突只有一个,比较细长,分支少,基部不含尼氏小体。

【作业与思考题】

(1) 从口腔上皮细胞、横纹肌纵切图和硬骨横切图中任选其一进行绘制,并注明其基本结构。

(2) 分析比较动物四种基本组织的结构与功能。

模块二 原生动物

原生动物是最原始、最低等的单细胞生物,草履虫是原生动物的代表动物。草履虫的形态结构和生命活动充分展现了单细胞原生动物作为一个完整、独立的动物有机体所具有的各种特征。原生动物分纲依据其运动器官。作为一个完整的有机体,原生动物生命周期短,易克隆培养,繁殖快,是生命科学基础理论研究的理想材料,被广泛应用于细胞生物学、遗传学及生理学研究。

实验二 自由生活的原生动物

【目的与要求】

(1) 通过对草履虫和绿眼虫的形态结构与各种细胞器的观察,了解原生动物的主要特征。

(2) 学习对运动活泼的微型原生动物的观察方法和实验方法,掌握临时装片的制作方法。

(3) 了解草履虫的无性繁殖和有性生殖。

【材料与用具】

(1) 实验动物和材料:培养的绿眼虫和草履虫以及其他相关玻片标本。

(2) 试剂:碘液、醋酸洋红、洋红粉、甲基绿、中性红、(冰)醋酸、醋酸中性红。

(3) 器材和仪器:显微成像系统、显微镜、载玻片、盖玻片、吸管、吸水纸、实物展示台、解剖镜等。

【方法与步骤】

(一) 观察草履虫的形态结构与运动方式

草履虫属于原生动物门、纤毛虫纲、真纤毛亚纲、全毛目、草履虫属。

为限制草履虫的运动速度,便于观察,可将少许棉花纤维撕松放在载玻片中部,用吸管吸取草履虫培养液,滴1滴于载玻片中央;为观察其食物泡的形成,可用牙签蘸取少许洋红粉掺入草履虫液滴中,加上盖玻片,制成临时装片。为了限制草履虫运动,也可以将1小滴蛋白甘油粘贴剂滴于载玻片上,并将其涂成均匀的薄层,晾干,再滴加草履虫培养液,制成临时装片。

在低倍镜下,将光线调暗,使虫体与背景呈现明显的明暗反差。草履虫似一只倒置的草鞋,前端钝圆后端尖,体表密布纤毛。从虫体前端开始,体表有一斜向后行直达虫体中部的凹沟,即口沟,口沟处有较长的纤毛。草履虫运动时,全身纤毛有节奏地波浪状依次快速摆动,口沟的存在和口沟处长纤毛有力的摆动使虫体绕其中轴向左旋转。

在低倍镜下找到一个比较清晰且活动缓慢的草履虫,转换至高倍镜下观察。虫体的表面是表膜,有弹性,当草履虫穿过棉花时体形可以改变。草履虫的细胞质明显分为外质和内质。紧贴表膜的是外质,透明,无颗粒,内有许多与表膜垂直排列的折光性较强的椭圆形刺丝泡;外质向内的细胞质是多颗粒状的内质。

虫体口沟末端有一胞口,后连一根深入内质的弯曲短管,即胞咽,胞咽壁上长有长纤毛,联合形成波动膜。口沟纤毛摆动形成水涡流,食物颗粒经胞口进入胞咽,在波动膜的不停颤动下达到胞咽底部,形成食物泡,随着细胞质的流动在体内移动。在移动过程中,食物逐渐消化,食物泡渐渐变小,最后未被消化的残渣通过胞肛排出。在低倍镜下寻找被棉花纤维阻挡但口沟未受压迫的草履虫,转至高倍镜下观察,可见加入洋红粉后,洋红粉从口沟到胞口,再到胞咽,最后形成食物泡的过程。

虫体的前、后端各有一个透明、圆形的亮泡,称为伸缩泡。当伸缩泡收缩时,可见周围有6~7个放射形的透明的收集管。前后两个伸缩泡是交替收缩的。

大草履虫有大小两个核,位于内质中央,生活时核不易见,可在盖玻片的一侧滴加一滴5%冰醋酸,2~3 min后,能清楚观察到被染成淡黄色的肾形大核,圆形小核位于大核中部凹处;也可用1%甲基绿染色,在低倍镜下可见虫体中部被染成绿色的肾形大核,在高倍镜下观察,大核凹处有一圆形小核,但不易见;或用醋酸洋红染色后观察,在低倍镜下观察肾形的大核,再换高倍镜观察大核凹处的红点状小核。

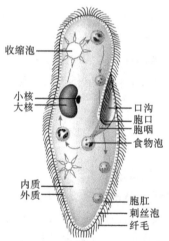

图 2-1　草履虫的形态结构

虫体表膜下的外质内,有排列整齐的椭圆形小囊,即刺丝泡,内含液体,受到刺激时会放出刺丝。在盖玻片的一侧滴加醋酸或者稀释20倍的蓝墨水,在另一侧用吸水纸吸水,使醋酸或蓝墨水浸过草履虫,可将虫体杀死。用高倍镜观察可见刺丝已经射出,在虫体周围呈乱丝状。

草履虫的形态结构见图2-1。

(二) 观察草履虫的生殖

活体观察时经常可以看到草履虫的生殖。如果没有看到,可取草履虫生殖装片标本观察。

1. 无性生殖

草履虫的无性生殖为横二分裂。吸取生长旺盛的草履虫培养液,在解剖镜下仔细寻找,可以观察到正在横裂的虫体细胞伸长,中部向内凹陷。

2. 有性生殖

草履虫的有性生殖为接合生殖。将草履虫培养液离心浓缩,吸取草履虫放入培养皿中,加入10~15倍清水,置于暗处,12 h后有10%~30%的草履虫进行接合生殖。吸取培养液制成临时装片,置于显微镜下观察。接合生殖时,两个草履虫口沟紧贴在一起,大核往往消失。

(三) 观察绿眼虫的形态结构

绿眼虫属于原生动物门、鞭毛虫纲、植鞭亚纲、眼虫目、眼虫属，又称裸藻。绿眼虫喜欢生活在富含腐殖质的静水中，使水体表面向光一侧常常呈现绿色。取绿眼虫培养液制成临时装片，利用显微镜进行观察。

在低倍镜下，可见个体很小、绿色、纺锤形的绿眼虫游动，前端钝圆，后端较尖。绿眼虫依靠鞭毛不停地摆动，身体做螺旋状向前摇摆。绿眼虫体表有弹性表膜，使细胞极易变形，当虫体不甚活动时，常由虫体收缩而出现一种特殊的蠕动，称为眼虫式运动。

在高倍镜下，虫体前段有一个略呈长圆形、无色透明的囊状储蓄泡，经由短的胞咽由胞口通向体外，用以排出代谢废物。储蓄泡前端一侧有一个红色眼点，具有感光功能，受到光线刺激即朝光源方向运动。分散在细胞质中的许多含有叶绿素的梭形小体为色素体，能行光合作用，合成有机物。分散在细胞质中的还有半透明的颗粒状小体，即副淀粉体，用0.02%中性红做活体染色，即成小红点。虫体中央靠后约1/3处有一圆形透明结构，即细胞核，常因叶绿体遮盖而看不清，用醋酸地衣红做活体染色，可使细胞核染成红色。将光线调暗可见虫体前端有一根摆动的鞭毛，用碘液染色后，鞭毛和细胞核被染成褐色。

(四) 观察其他原生动物主要类群的装片

鞭毛纲的常见类群有钟罩虫(*Dinobryon*)、隐滴虫(*Cryptomonas*)、双鞭虫(*Eutreptia*)、实球藻(*Pandorina*)、夜光虫(*Noctiluca*)、披发虫(*Trichonympha*)、锥虫(*Trypanosoma*)、角藻(*Ceratium*)、盘藻(*Gonium*)、团藻(*Volvox*)、利什曼原虫(*Leishmania*)、阴道毛滴虫(*Trichomonas*)和衣滴虫(*Chlamydomonas*)。

肉足纲的常见类群有大变形虫(*Amoeba proteus*)、哈氏虫(*Hartmannella*)、棘变形虫(*Acanthamoeba*)、卓变虫(*Chaos*)、太阳虫(*Actinophrys*)、表壳虫(*Arcella*)、砂壳虫(*Difflugia*)、放射虫(*Radiolaria*)、痢疾内变形虫(*Entamoeba histolytica*)和有孔虫(*Foraminifera*)。

纤毛纲的常见类群有绿草履虫(*Paramecium bursaria*)、四膜虫(*Tetrahymena*)、棘尾虫(*Stylonychia*)、游仆虫(*Euplotes*)、喇叭虫(*Stentor*)、钟形虫(*Vorticella*)、小瓜虫(*Ichthyophthirius*)和结肠小袋虫(*Balantidum cali*)。

孢子纲的常见类群有兔艾美球虫(*Eimeria*)、碘泡虫(*Myxobolus*)和疟原虫(*Plasmodium*)。

【作业与思考题】

(1) 绘制草履虫和绿眼虫的结构图，并注明基本结构。

(2) 通过实验归纳原生动物纤毛纲、鞭毛纲、肉足纲和孢子纲的分类依据和主要特征。

(3) 通过实验说明原生动物的单个细胞是一个完整的、能独立生活的动物个体。

实验三 草履虫种群在有限环境中的逻辑斯谛增长

【目的与要求】

(1) 通过实验了解种群增长是受环境条件限制的。

(2) 了解不同条件下种群增长的规律。

【材料与用具】

(1) 实验动物和材料:草履虫原液(纯培养)。

(2) 试剂:蓝黑墨水、冰醋酸、5%醋酸溶液、洋红粉(天然品)、1%氯化钠溶液、蒸馏水。

(3) 器材和仪器:显微镜、体视显微镜、秒表、漏斗架、漏斗、试管架、试管、载玻片、盖玻片、滴管、毛细滴管、玻璃棒、1 000 mL 烧杯、量筒、1 mL 移液管(吸管)、滤纸、精密试纸(pH 值范围为 0.5~5.0 和 5.0~7.0)、吸水纸、脱脂棉、洗耳球、培养箱、电炉、纱布、1.5 mL 离心管 1 000 管、1.5 mL 离心管架 8 个、200 mL 三角瓶 100 只等。

【方法与步骤】

(一) 草履虫的采集和培养

1. 草履虫的采集

草履虫多生活在有机质丰富且流动缓慢的河沟和池塘中,尤其喜欢生活在细菌丰富的水中,在春、夏、秋三个季节生长繁盛。在食堂排出的污水和城市生活用水中常常能采集到优势种为草履虫且高密度的水样。草履虫常在水面浮游,其聚集的地方水面呈灰白色,可舀取水体表层取样。

草履虫的包囊常常附在新鲜的稻草秆上,可取新鲜的稻草近根部 1~2 节,剪成 3 cm 长,加水 4~5 倍,置于温暖、光亮处,保持温度 20~25 ℃,培养一个星期即可得到草履虫。

2. 草履虫的培养

常用稻草液或麦粒液培养草履虫。

(1) 用稻草液培养草履虫。取 10 g 稻草,剪成 3 cm 小段,清洗干净后加入 1 000 mL 水,煮沸 20 min 左右,用纱布滤出上清液,保存于加盖容器中,24 h 后即可使用。草履虫喜好微碱性环境,若培养液呈酸性,用 1% $NaHCO_3$ 溶液调至微碱性 (pH<7.2)。

(2) 用麦粒液培养草履虫。取 5 g 麦粒,加 1 000 mL 水,煮至麦粒裂开,放置 24 h 后过滤,汁液即可用于培养。

从野外采集的水样里,选取密度较大的部位,用洁净吸管吸取含有草履虫的液体,直接接种到培养液里。将接种有草履虫的培养液放在有阳光的温暖地方,温度控制在 20～25 ℃,一般培养 5～7 d 即可得到大量草履虫。草履虫是好气性生物,培养时为防止污染,要用棉花或棉纱布封盖瓶口,培养器皿以装入 2/3 的容量为宜。一旦草履虫繁殖过多,培养液中营养减少,代谢废物积累,会引起虫体大量死亡。因此,在培养过程中每隔 2～3 d 用吸管吸取培养液底部沉淀物,再加入等量新鲜培养液,这样可以使草履虫得到长期保存培养。

3. 草履虫的分离和纯培养

(1) 草履虫的分离。简易接种法简单易行,但往往会吸入一些其他小生物,如钟形虫、眼虫、轮虫和藻类,如果吸入食草履虫的动物,则影响草履虫的培养,造成草履虫数量急剧下降。而利用稻草培养液培养草履虫,是以煮沸后未死的杂菌孢子萌发,以及水样和环境中的杂菌在稻草液中繁殖后成为草履虫的食物。因此,实验中需要排除其他原生动物的干扰,再接种细菌对草履虫进行纯培养。

纯培养的草履虫是指从一个虫体培养起,直至培养成高密度的种群。为了避免其他动物混杂或非同种草履虫混入,同时为了避免细菌混入,应对草履虫和其他动物或细菌进行分离。

将草履虫生活过的培养液过滤,120～121 ℃灭菌 20 min,冷却后作为清洗液。将清洗液分别取 0.5～1 mL 移入小表面皿中,在体视显微镜下,用毛细吸管逐个吸取草履虫,移入到小表面皿的清洗液中,1 min 后再换一个毛细吸管将草履虫逐个移入另一小表面皿的清洗液中,重复 2～3 次,即可去除杂物,获得纯的草履虫。

也可利用草履虫趋向牛肉汁的特性来分离纯化。事先煮好少许牛肉汁,冷却后,在载玻片的右侧滴加一滴,在左侧滴上含有草履虫的液滴。将载玻片置于解剖镜下,用干净的解剖针将两液滴沟通,使牛肉汁引向含草履虫的液滴。草履虫有趋化性,向牛肉汁移动,当草履虫进入牛肉汁后,为防止其他原生动物进入牛肉汁,迅速将左侧含草履虫的液体擦去,然后用毛细吸管将右侧牛肉汁中含的草履虫吸入管中,即得到纯的草履虫。

(2) 含菌培养液的制备。将稻草液在 120～121 ℃灭菌 20 min,冷却后放入冰箱中备用。

如为新培养的产气杆菌(*Aerobacter aerogenes*),可立即往稻草液中接种。如为保存的菌种,则应再接种。接种用的培养基的制备:将 20 g 琼脂溶于 800 mL 蒸馏水中,煮溶后加入 4 g 鲜酵母和 0.16 g 葡萄糖,然后分装于试管内,管口加棉塞,120～121 ℃灭菌 20 min,取出后制成琼脂斜面。冷却后,将产气杆菌接种于琼脂斜面上,置于 27 ℃温箱中培养 1～3 d,长满菌落后即可用于接种稻草液。

用灭菌的稻草液 5～10 mL 冲洗琼脂斜面上的菌落,制成混悬液。每 1 000 mL 稻草液接种混悬液 1～3 mL,置于 27 ℃温箱中培养,当稻草液由较清澈变为浑浊时,就制备好了草履虫的含菌培养液。此时培养液的 pH 值如果偏离 5.8～7.8 的范围,可用 1% $NaCO_3$ 溶液或盐酸调节 pH 值为 6.8。

(3) 草履虫的纯培养。及时接种纯化的草履虫,置于 25 ℃温箱中培养,几天后就可得到大量草履虫。也可只取 1 个草履虫按上述方法培养,获得由 1 个草履虫繁殖的种群。注意培养液中细菌的量应适当,既要维持草履虫的生长繁殖,又要避免草履虫过多而引起培养液腐败变质。可用 1/2 灭菌稻草液和 1/2 含菌培养液组成培养液。

每天弃掉 1/2 培养液,再加入 1/2 含菌培养液,可使草履虫在常温下长期保持较高密度。试管培养适合长期保存,加足含菌培养液,放入 5~10 ℃冰箱中,每半月至一月弃去 2/3,再补充 2/3 的新培养液,可常年保存。用时取出一部分,在新培养液内和适宜温度下,几天后就可进行大量培养。

(二) 原培养液中草履虫密度的确定

吸取 0.5 mL 草履虫原液(草履虫纯培养液),放入离心管中,加入 5% 醋酸溶液 50 μL,混匀,用以杀死草履虫,便于计数。

从上述离心管中吸取 50 μL 草履虫原液,分 5 小滴滴于载玻片上,在体视显微镜下统计每一小滴内所有的草履虫的数量。反复取样 10 次,取平均值作为草履虫原液的平均密度(只/mL)。

(三) 种群数量的监测

取灭菌的稻草液 200 mL,倒入三角瓶中,加入定量的草履虫原液使三角瓶培养液的草履虫密度为 5~10 只/mL,在瓶口罩上纱布,放 20 ℃的恒温箱中培养。也可在放入恒温箱培养之前测一下草履虫的种群密度,作为培养液内第 1 天的种群密度。以后每天定时计数 1 次,草履虫种群密度的增长一般在第 5~6 天达到顶点,此后再计数 2~3 d。

(四) 数据分析

1. 逻辑斯谛方程

逻辑斯谛模型有以下两个基本假设。

(1) 设想存在一个环境条件所允许的最大值 K,当种群数量达到 K 时不再增长,即

$$\frac{dN}{dt} = 0$$

(2) 假设制约种群增长的因素是与个体数量的增长呈简单地正相关,那么,种群在有限环境下的增长符合逻辑斯谛方程,即

$$\frac{dN}{dt} = rN\left[\frac{K-N}{K}\right] = rN\left[1 - \frac{N}{K}\right]$$

式中:N 为在时间 t 时的种群数量;K 为环境条件所允许的种群数量的最大值;r 为种群的瞬时增长率。

2. 计算 K 值

(1) 平均法。以培养天数为横坐标、种群数量为纵坐标在坐标纸上描点,达到平

衡点开始的那天与之后几天的观测数据之和的平均值即为 K 值。

(2) 三点法。按以下公式进行：

$$K = \frac{[2y_1 y_2 y_3 - y_2^2(y_1 + y_2)]}{y_1 y_3 y_2^2}$$

式中：y_1、y_2、y_3 为等距离横坐标(培养天数)分别对应的纵坐标值(种群数量)。

3. 逻辑斯谛方程的拟合

求得 K 值，令

$$y = \ln\frac{K-N}{N}, \quad x = t, \quad r = b$$

按方程 $y = ax + b$ 运算，把求得的值(a, b, N)代入逻辑斯谛方程，即得理论值。

【作业与思考题】

(1) 逻辑斯谛增长模型能否作为种群增长的普适模型，为什么？

(2) 在上述实验基础上设计实验，说明不同温度培养条件下种群增长的变化规律。

(3) 设计实验以探讨存在种间竞争时种群数量的变化。

【案例研究】

淡水湖泊原生动物的多样性——青山湖原生动物的调查

原生动物是一类单细胞的真核生物，它们中的多数需要在显微镜下才能观察到。原生动物广泛存在于各种水体和潮湿土壤中，并可共栖、共生或寄生在动物、植物及其他微生物的体内或体表。

原生动物与生态环境密切相关。原生动物的光合作用者、食藻者、腐生者、食肉者、食菌碎屑者以及无选择性的杂食者这六个功能类群在物质循环中起着重要的作用。不同种类的原生动物对环境条件要求不同，对环境变化的敏感程度也不同，因而原生动物在环境保护中占有相当重要的地位，可作为环境监测的指示生物。原生动物在污水净化过程中起着积极的作用，原生动物能分泌黏性物质，在污水中吸附悬浮颗粒，使颗粒表面的电荷得到改变而集聚。纤毛虫在运动中吞噬细菌的同时分泌糖朊，糖朊将悬浮的颗粒物粘集起来成为沉淀，并且纤毛虫的活动也有助于悬浮颗粒沉淀，从而提高细菌沉淀的效率。另外，原生动物本身也能摄取可溶性有机物和病原微生物，从而使水中可溶性有机物减少，达到污水净化的目的。

因此，原生动物多样性可以用于淡水的环境监测和水质评价，反映水中污染物和环境因子对原生动物个体、种群及群落的综合作用。因为一个水体中的生物组成，包括原生动物的组成，可以在一定程度上表明水体的水质，这是一些物理和化学监测所无法反映的。因此，通过对淡水原生动物常见类群的观察，可以了解原生动物的多样性，并能从不同污染程度的水体中观察到不同的原生动物组成，来加以验证水体的污染程度。

【目的与要求】

（1）了解原生动物与生态环境的关系及其应用。

（2）掌握淡水湖泊原生动物调查实验的设计。

（3）能够科学地完成淡水湖泊的水样采集、原生动物的观察、数据的获得和分析，从而了解青山湖原生动物的种群组成、分布和季节变化规律，并能结合其他相关课程对实验进行拓展。

【材料与用具】

（1）试剂：固定液（7%甲醛或15%鲁哥氏液或70%乙醇）。

（2）器材和仪器：25号筛绢浮游生物网、2.5 L有机玻璃采水器、标本瓶、显微镜、定量吸管、0.1 mL计数框。

【方法与步骤】

（一）采样点的设置和样品的采集

在采样点采集的水样要真正能够代表一个水体的实际情况。采样点布设在青山湖的主要进出口、中心区、滞流区和岸边区。采样时在每条垂线上分别设3个取样点，即水面下0.5 m、1/2水深处和水底上0.5 m处。把3个取样点的水等量混合，作为一个样品进行理化指标（水温、透明度、pH值、总氮、总磷、溶解氧）的监测和浮游动物的定量测试。

取样时间一般以一年为一个周期，即从上一年的9月到下一年度的8月，每个月取样1次。

原生动物定性样品用25号筛绢浮游生物网（孔径0.064 mm）采集，在表层至0.5 m深处以20～30 cm/s的速度作"∞"形大范围拖捞，然后取50 mL放入标本瓶中，现场加入7%甲醛溶液固定。

原生动物定量样品用2.5 L有机玻璃采水器采集水样，采集的水样混合后，用25号筛绢浮游生物网过滤至50 mL，放入标本瓶中，用7%甲醛溶液固定。

（二）样品的分析与处理

1. 样品的定量分析

将现场固定的样品带回实验室后充分静置（自然沉降48 h），经充分摇匀后用5 mL定量吸管准确吸取水样0.1 mL，置于0.1 mL计数框内，在100～400放大倍数的显微镜下对原生动物进行计数。每号样品全片计数四片，求其平均值，最后换算成1 L水样中原生动物个体数，即丰度。

换算公式如下：

$$N = \frac{V_s n}{V V_a}$$

式中：N为1 L水中原生动物的个数；V为采样体积，L；V_s为沉淀体积，mL，本实验

中 $V_s=50$ mL；V_a 为计数体积，mL；n 为计数所得个数。

2. 样品的定性分析

将现场固定的样品带回实验室后在显微镜下进行种类鉴定和计数，种类鉴定依据相关文献资料，根据数量多寡分为优势种（＋＋＋）、常见种（＋＋）和偶见种（＋）。

浮游动物的优势种根据每个种的优势度值（Y）来确定：

$$Y = \frac{n_i}{N} f_i$$

式中：Y 为原生动物种的优势度值；n_i 为第 i 种的个体数；N 为所有种类总个体数；f_i 为第 i 种的出现频率。Y 值大于 0.02 的种类为优势种。

3. 多样性指数

采用 Margelef 多样性指数公式 $d = \frac{S-1}{\ln N}$ 进行计算。其中，d 为多样性指数；S 为种类数；N 为个体数。

（三）结果分析

1. 青山湖原生动物的种类和分布

根据实验统计数据，列出青山湖原生动物的种类组成和样点分布，并对不同季节和样点的种类组成进行比较。

2. 青山湖原生动物丰度的变化

比较不同季节各个样点的原生动物的丰度，运用 Excel 等相关软件制作不同样点、不同季节的丰度变化图。

3. 青山湖原生动物的多样性指数

计算不同季节各个样点的原生动物的多样性指数，运用 Excel 等相关软件制作不同样点、不同季节的多样性指数变化图。

4. 对青山湖水质进行初步评价

在水质清澈的流水中，原生动物的种类很少，反映在水质上，表明该样点/水体具有较好的水质。

往往将水体中原生动物的个体数量和丰度作为判断水体水质的重要指标，普遍认为在受有机污染较为严重的水体中，耐污种类形成优势种群而具有很高的个体数量和生物量；在无污染或很少受污染的水体中，原生动物均匀分布，个体数量和生物量均低。

d 值的高低用以表明种类多样性的丰富与贫乏状况，由此也可以反映水质的优劣程度，d 值越高，表明水质越好。结合许木启对水质的划分标准：0～1 为重度污染；1～2 为严重污染；2～4 为中度污染；4～6 为轻度污染；大于 6 为清洁水。

综合利用原生动物组成、丰度和多样性指数对青山湖水质进行初步评价。

【思考与拓展】

（1）在整个实验过程中，要尽量保证取样的条件一致，注意避免突发事件，如雨水天气和污水临时大量注入湖泊造成的影响。

(2) 在实验数据统计处理和结果分析中,语言要简洁明确,尽量用图表来说明。

(3) 利用原生动物组成、丰度和多样性指数对青山湖水质的初步评价,并不能完全反映出青山湖的水质情况,因为水域中原生动物的种类数和个体数及其在水中的分布很大程度上受水体营养物质的丰富程度、水文、气候和水的净化能力以及原生动物的繁殖生长状况等多方面因素的影响,即使在水流相对静止的时期,冬春和夏秋季节,原生动物的种类数和个体数也会表现出明显的差异。但是比较明确的是,受其他连通湖泊和河流的水质及沿途生产生活污水的影响,青山湖水质确已受到了一定程度的污染。

(4) 结合生态学和统计学的原理和方法对该实验进行适当扩展,分析青山湖原生动物组成、丰度和多样性指数之间的相关性,以及不同水环境因子对青山湖原生动物的影响。

【参考文献】

[1] 陈宏举.长江口及其邻近海域浮游动物群落生态学研究[D].青岛:中国海洋大学硕士毕业论文,2007.

[2] 陈浒,辜永河,王智慧,等.索风营水电站原生动物群落多样性与水质关系评价[J].贵州师范大学学报(自然科学版),2002,20(4):36-39.

[3] 高思佳.北京市野鸭湖湿地浮游动物群落生态研究[D].北京:首都师范大学硕士毕业论文,2008.

[4] 龚循矩,肖化忠,沈韫芬.长江三峡地区的原生动物区系研究[J].水生生物学报,1990,14(4):289-297.

[5] 宋碧玉.长江洞庭湖口原生动物的生态学研究[J].水生生物学报,2000,24(4):317-321.

[6] 李莉娜.北京市密云水库浮游动物群落生态研究[D].北京:首都师范大学硕士毕业论文,2009.

[7] 刘娜,孔维宝,王文科,等.黄河三峡湿地保护区水体原生动物构成及水质评价[J].环境研究与监测,2005,18(3):1-4.

[8] 沈韫芬.原生动物学[M].北京:科学出版社,1999.

[9] 沈韫芬,顾曼如,冯伟松.长江三峡地区原生动物背景值及其对污染的评价[C]//长江三峡工程对生态与环境影响及其对策研究论文集.北京:科学出版社,1992,831-840.

[10] 郑金秀,胡菊香,周连凤,等.长江上游原生动物的群落生态学研究[J].水生态学杂志,2009,2(2):88-93.

[11] 许木启,朱江,曹宏.白洋淀原生动物群落多样性变化与水质关系研究.生态学报,2001,21(7):1114-1120.

附

常见淡水原生动物检索表

1	成体或幼体的体表具纤毛 ················· 纤毛纲(Ciliata)	19
	任何生活时期体表都不具纤毛 ·················	2
2	具鞭毛 ················· 鞭毛纲(Mastigophora)	3
	具伪足 ················· 肉足纲(Sarcodina)	14
3	群体,细胞镶嵌在胶质中 ·················	4
	单体 ·················	7
4	群体成平面排列,呈方形 ················· 盘藻属(*Gonium*)	
	群体不成一平面,呈球形或椭圆形 ·················	5
5	群体内细胞排列紧密,集中在群体中央 ················· 实球藻属(*Pandorina*)	
	群体内细胞排列不紧密,不集中在群体中央 ·················	6
6	群体小,细胞数目少(8~32个) ················· 空球藻属(*Eudorina*)	
	群体大,细胞数目多(数百个以上) ················· 团藻属(*Volvox*)	
7	体中部有一横沟,具2根鞭毛 ················· 腰鞭毛目(Dinoflagellida)	8
	体中部无横沟,具1~2根鞭毛 ·················	10
8	体具外壳 ·················	9
	体无外壳 ················· 裸甲腰鞭毛属(*Gymnodinium*)	
9	壳扁平,具1前、2~3后长角状突起 ················· 角鞭毛虫属(*Ceratium*)	
	壳不扁平,双锥形或五边形,无突起 ················· 多甲鞭毛虫属(*Peridinium*)	
10	具载色体 ·················	11
	不具载色体 ·················	13
11	鞭毛2根,杯状叶绿体1个 ················· 衣滴虫属(*Chlamydomonas*)	
	鞭毛1根,叶绿体不呈杯状 ·················	12
12	体梭形,可变形 ················· 眼虫属(*Euglena*)	
	体扁圆形,不变形 ················· 扁眼虫属(*Phacus*)	
13	鞭毛2根,前鞭毛显著,运动时仅尖端摆动;体末端呈截形 ················· 袋鞭虫属(*Peranema*)	
	鞭毛1根,体末端不呈截形,体可变形 ················· 漂眼虫属(*Astasia*)	
14	体球形,伪足呈轴状 ················· 辐足亚纲(Actinopoda)	15
	体非球形,可变形,伪足呈叶状、指状、丝状 ················· 根足亚纲(Rhizopoda)	16
15	体大,颗粒状肉质与泡状外质分界明显,多核 ················· 辐球虫属(*Actinosphaerium*)	
	体小,内、外质分界不明显,单核 ················· 太阳虫属(*Actinophrys*)	
16	无外壳,体可变形 ·················	17
	有外壳,伪足自壳口伸出 ·················	18

17	具1宽伪足 ………………………………	简变形虫属(*Vahlkampfia*)
	具多个伪足 ……………………………	变形虫属(*Amoeba*)
18	壳瓶形,由沙粒等外物构成 ……………	砂壳虫属(*Difflugia*)
	壳扁圆,几丁质构成 ……………………	表壳虫属(*Arcella*)
19	不具口缘带,纤毛等长 …………………	全毛目(Holotricha)　20
	具口缘带 ……………………………………………………………………	26
20	胞口在体表 …………………………………………………………………	21
	胞口在口沟内 ………………………………………………………………	25
21	胞口在体前端或近前端 ……………………………………………………	22
	胞口不在体前端或近前端 …………………………………………………	24
22	胞口在体顶端,体呈桶形,具1至数圈纤毛带 ………	栉毛虫属(*Didinium*)
	胞口不在体顶端 ……………………………………………………………	23
23	体被规则排列的外质板 …………………………	榴弹虫属(*Coleps*)
	体无板,体前部伸长如颈 ………………………	长吻虫属(*Lacrymaria*)
24	胞口在凸出的腹部,为一长裂缝 ………………	漫游虫属(*Lionotus*)
	胞口圆形 …………………………………………	长颈虫属(*Dileptus*)
25	体呈倒鞋底形,口沟自前左侧伸向后右侧 ……	草履虫属(*Paramecium*)
	体肾形,胞口在体侧面中央 ……………………	肾形虫属(*Colpoda*)
26	口缘带自左向右旋转,体钟形具柄 … 缘毛目(Peritricha)	钟虫属(*Vorticella*)
	口缘带自右向左旋转 …………………………	旋唇目(Spirotricha)　27
27	纤毛存在于体表各处,体呈喇叭形 ……………	喇叭虫属(*Stentor*)
	纤毛只存在于体表一部分,形成小膜或棘毛 ………………………………	28
28	纤毛形成小膜,存在于口缘带,具跳跃的长棘毛,体球形 ……………………	
	…………………………………………………	弹跳虫属(*Halteria*)
	棘毛只存在于腹面 …………………………………………………………	29
29	体一般呈长圆形,具3条不动的尾棘毛 ………	棘尾虫属(*Stylonychia*)
	体近圆形,具4条尾棘毛 …………………………	游仆虫属(*Euplotes*)

模块三 多细胞动物的胚胎发育

多细胞动物的胚胎发育是一个连续的细胞分裂和分化过程,经历多个形态和结构明显变化的阶段。多细胞动物个体发育包括 3 个阶段:胚前期、胚胎期和胚后期。胚前期指从生殖细胞开始形成至其成熟的阶段;胚胎期为从受精卵开始发育至幼体孵化或离开母体前的阶段;胚后期是幼体独立后的发育阶段。动物类群不同,胚胎发育过程不尽相同,但早期均经历卵裂期、囊胚期、原肠期和神经胚期。早期胚胎发育过程中发生胚层分化,多数动物分化形成 3 个胚层,即内胚层、中胚层和外胚层,随后,从三个胚层的细胞分化出各种不同的组织。

金线蛙(Rana plancyi)属于两栖纲(Amphibia)、无尾目(Anura)、蛙科(Ranidae)、蛙属(Rana),主要分布于华东、华中地区的部分省,数量多,产卵季节长,是动物胚胎发育教学和科研的理想材料。研究表明,蛙类的早期胚胎发育涉及一系列形态结构的变化,大多数种类从受精卵开始至胚胎期完成可分为 24~25 个时期。

实验四 蛙早期胚胎发育的观察

【目的与要求】

(1) 通过观察蛙早期胚胎发育各时期切片,了解多细胞动物早期胚胎发育的主要阶段,加深对多细胞动物起源的理解。

(2) 通过观察金线蛙的受精卵、卵裂、囊胚、原肠胚、神经胚等不同发育阶段的外形特征,掌握蛙早期胚胎发育器官的一系列形态结构变化。

【材料与用具】

(1) 实验动物和材料:金线蛙、蛙早期胚胎发育切片。

(2) 试剂:5%福尔马林溶液、充分曝气的自来水。

(3) 器材和仪器:培养皿(12 cm)、体视显微镜、游标卡尺、显微摄影系统、数码相机、目镜测微尺、计时器、温度计、分析天平。

【方法与步骤】

(一) 蛙早期胚胎发育各时期切片的观察

1. 卵裂期

蛙卵属端黄卵,卵裂方式为不等全裂,第一次卵裂为经裂,始于动物极止于植物极,结果裂成 2 个分裂球,即 2 细胞期;第二次卵裂仍为经裂,卵裂面与第一次垂直,形成 4 个分裂球,即 4 细胞期;第二次为横裂,卵裂面在赤道上方,形成 8 个分裂球,即 8 细胞期,开始出现卵裂腔;以后继续分裂,进入 16 细胞期和 32 细胞期。

2. 囊胚期

受精卵经过多次卵裂后,形成了中空的囊胚。各种动物的囊胚各不相同,蛙的囊胚从外形看像一个圆球,从纵切面看,偏于动物极处有一个腔,此腔即囊胚腔,腔的周围被大小不等的细胞包围,这些细胞层称为囊胚层。

3. 原肠期

此期胚体的主要特点是有外层胚和内层胚。蛙原肠期从切片上看,在胚体一侧略近植物极处有一道裂缝,此缝即最早的原肠腔,裂缝口即原口,胚体表面的细胞即外胚层,里面的细胞即内胚层。内、外胚层所包围的腔仍为囊胚腔。

(二) 金线蛙早期胚胎发育过程的观察

1. 金线蛙的选择

在金线蛙的繁殖季节(4~6月份),采集正在抱对的金线蛙数对,带回实验室,放入产卵池(可用水盆或水桶)。

2. 受精卵的采集与孵化

蛙卵产出后,自然受精,待受精卵翻转后,采集受精卵,分 10 个培养皿进行孵化。每个培养皿 30~50 个卵,孵化温度为 21.5~24 ℃,每 4 h 换水 1 次,每次换水 1/3 左右,同温换水。

3. 观察胚胎发育过程

用体视显微镜连续观察(每隔 10 min 一次)金线蛙受精卵的胚胎发育过程,用目镜测微尺测量胚胎的大小,记录每一时期形态结构特征及发育时间,用数码相机对每一时期具有典型特征的胚胎活体拍照。选择每一时期的 5~10 个具有代表性的胚胎,用 5% 福尔马林溶液固定,显微摄影。胚胎分期以占观察总数 1/2 以上的胚胎显示某一时期典型特征的时刻作为该期发育的开始和前一发育期的结束。

也可野外采集蛙卵,制作各个发育阶段的浸制标本,置于体视显微镜下观察。

【作业与思考题】

(1) 多细胞动物早期胚胎发育经过哪几个时期?各期的主要特点是什么?
(2) 绘制蛙早期胚胎发育任意一个时期,注明观察到的各部分的名称。
(3) 简述金线蛙早期胚胎发育各个时期的特征。
(4) 统计金线蛙早期胚胎发育各个时期的时长。
(5) 对金线蛙早期胚胎发育各个时期进行生物绘图并拍摄典型照片。

【补充知识】

(一) 蛙类的人工催产和人工授精

冬季或早春,还不是青蛙自然繁殖的时候,因科研或教学的需要,可采取人工催产(催青)和人工授精的办法获得受精卵。

1. 人工催产(催青)

人工催产就是通过给体内卵已经发育成熟的雌蛙注射脑垂体提取液、绒毛膜促性腺激素或促黄体激素释放激素类似物,使雌蛙按人为设计的时间产卵。

(1) 脑垂体的摘取与保存。用剪刀剪开蛙的两侧口角,从口角后缘将蛙头剪下,蛙头剪断处露出一个骨孔,为枕骨大孔;把蛙头的腹面翻转向上,将剪刀下半部的尖端伸入枕骨大孔,斜向眼球,左右各剪一刀,用镊子翻起剪开的副蝶骨片,即可见到脑腹面的视神经交叉后面有一堆白色的东西,其中有一粒粉红色、约半粒芝麻大的颗粒,这就是脑垂体。寻找脑垂体时要注意,脑垂体有时会黏附在翻起来的骨片上。用镊子小心取下整个脑垂体,取下的脑垂体要马上使用,也可放在冰箱中短期保存(4 ℃约保存1个月),丙酮中可保存1年以上。

(2) 脑垂体提取液的制备与用量。取出所需数量的蛙脑垂体,放入盛有1~1.5 mL 0.7%生理盐水的玻璃皿中。取注射器套上大号针头,将脑垂体和水吸入注射器中,然后换上中号针头,把注射器内的水和脑垂体挤出,即可使脑垂体破碎;再把脑垂体碎片和水吸入,换上口径更小的针头,然后再挤出,如此反复多次,就制成了脑垂体混悬液。这种制备脑垂体提取液的方法比较简便,如果用量大,也可用组织匀浆器研磨,制备脑垂体提取液。

通常催产1只雌蛙,需用蛙(蟾蜍、青蛙等各种蛙均可)的3~5个脑垂体提取液。雄蛙的脑垂体效力比雌蛙的差。脑垂体的具体用量要根据雌蛙的个体大小、取用脑垂体的蛙的性别及水温高低等具体情况灵活掌握。如被催产的雌蛙个体较大,催产时水温较低,所用的垂体取自雄蛙,则脑垂体的用量应多些;反之,则应少些。也可给雌蛙腹腔或皮下注射促排卵素(每只3~5 μg左右)以达到催青效果。

(3) 激素注射液的制备与用量。用灭菌的注射器吸取0.7%生理盐水,注入装有绒毛膜促性腺激素或促黄体激素释放激素的安培瓶内,配成所需浓度。按照蛙体大小,每只雌蛙注射促黄体激素释放激素3~5 μg或绒毛膜促性腺激素20~30 IU。

(4) 催青。选择性成熟的蛙放入培养缸中,保持温度为20 ℃。利用注射器将准备好的脑垂体提取液或促黄体激素释放激素注入蛙腹腔内。腹腔注射时,不要刺得太深,以免刺伤内脏,最好是针头从大腿腹面的肌肉刺入,再伸向腹腔,这样一般不会刺伤内脏。同时,针尖拔出后,药液也不致从注射孔倒流出体外。注射完毕,把雌、雄蛙分开放在一个玻璃缸或其他容器里,加入少量清水,缸口罩以纱布,放置于僻静处。半小时后,若蛙体皮肤颜色变黑,即表明催产有效。24 h后将雌蛙取出,轻轻挤压雌蛙腹部两侧,卵会流出,即催青成功。

2. 人工授精

先将性成熟的雄蛙处死,剖开腹腔,取出精巢,放于培养皿中,加入5 mL左右干净的池水或井水(忌用新鲜的自来水或沾有油污的水),再捣碎精巢,制成精子混悬液。静置15 min,等精子充分活跃起来,将精子混悬液倒入盛有蛙卵的培养皿中,并轻轻摇动培养皿,使精卵充分接触。10~15 min后加入清水,待受精卵的胶膜吸水膨胀后,再换一次水。

如果受精成功,在1 h内,卵的黑色一端——动物极部分转向上方,而灰白色一端——植物极部分转向下方。此后,每天都要换1~2次水,直到孵化成小蝌蚪。

(二)野外蛙卵的采集

一般蛙的产卵期为4~6月份,但因气候条件和地形地势差异,产卵期也会有一定差异。常需预查多次来精确估计产卵时间。

在蛙的生殖季节,鸣声喧嚣不绝。首先是雄蛙鼓囊大叫,游于水间,追逐抱对。如果雄蛙抱上雄蛙,被抱者鸣叫,则上面的雄蛙会赶快离去;如果雄蛙抱上雌蛙,则雌蛙背着雄蛙潜入水中或游到水草茂盛的地方,雌蛙产卵,雄蛙排精,同时进行。受精后,卵外胶膜吸水膨胀粘连成卵块或卵带。产卵受精的时间一般在早晨6时左右,产后2 h即分裂成2细胞期,以后每隔1~1.5 h分裂1次,到下午已是囊胚期。

野外蛙卵不易发现。有时蛙仅在大片水域的某些角落产卵,蛙卵色淡透明,和水掩映,不易发现,需细致耐心寻找。最好采集早晨6时左右新产下的尚未分裂的卵,新卵清新透明,旧卵常常带上黄色尘土。已经分裂的卵不易凑齐蛙卵的各个发育阶段。找到卵块后,在采集桶中放入一些带有水草的水,用长柄勺轻轻舀起卵块放入桶中,使卵块浮在水面,之后移开勺子。切忌随意将卵块倾倒入桶中,不能猛冲卵块。

(三)金线蛙早期胚胎发育各时期特征

受精卵期 从卵受精至第一次卵裂沟出现为止。刚排出的卵粒聚成团块状,卵子由3层胶膜包被。一般在受精后5~10 min出现动物极朝上、植物极朝下的现象,该现象称为翻正。受精卵翻正后,动物半球呈棕褐色,约占卵表面的1/2,中央有时有一小黑点,为第一极体,但很快消失;植物半球呈乳白色。金线蛙受精卵多数有灰色新月区,且第一次分裂必通过该区。

2细胞期 从第1次卵裂沟出现到第2次卵裂沟出现为止。经裂,卵裂沟从动物极开始,向植物极延伸,裂后形成两个大小几乎相等的分裂球。

4细胞期 从第2次卵裂沟出现到第3次卵裂沟出现为止。经裂,并垂直于第一次卵裂面,形成4个大致相等的分裂球。

8细胞期 自第3次卵裂沟出现至第4次卵裂沟出现为止。纬裂,卵裂沟沿动物极、植物极交界面形成,将动物极和植物极分割开。动物极4个细胞较小且大小基本相等,呈棕褐色;植物极4个细胞较大,也基本相等,呈乳白色。

16细胞期 自第4次卵裂沟出现至第5次卵裂沟出现为止。经裂,形成两个卵裂面,分裂完成后形成大小不等、形状不规则的16个分裂球。

32细胞期 自第5次卵裂沟出现至第6次卵裂沟出现为止。纬裂,虽有两个分裂面,但分裂不规则,分裂细胞的大小不等且排列也不规则。

囊胚早期 自第6次卵裂后,卵裂不规则,没有明显的分裂面,分裂细胞变小,数量较多,胚体表面不平整,呈桑葚状。

囊胚中期 胚体表面光滑平整,但细胞界限仍可分辨,即进入囊胚中期。

囊胚晚期 胚体表面动物极细胞界线不清时即进入囊胚晚期,止于原肠胚背唇出现。胚体表面光滑,色素冠向植物极延伸,约占整个胚体的2/3,植物极底部无色素。

原肠胚早期　胚体在偏植物极的一处下凹成一月牙状小缝,胚胎进入原肠胚早期。月牙状小缝为原口沟,其背缘为背唇,此小缝向下延伸成马蹄状时原肠胚早期结束。

原肠胚中期　胚体原口沟呈马蹄状时即进入原肠胚中期,背唇向两侧扩展加深,形成半圆形的侧唇。

原肠胚晚期　胚体原口沟延伸汇合成圆形胚孔,即进入原肠胚晚期。此期卵黄栓由大变小,胚体背部渐平坦、增厚,胚体延长略成梨形。

神经板期　卵黄栓陷入原口,胚孔封闭,胚体呈梨形,即表明进入神经板期。此时,胚体背部平坦、增厚,胚孔成一小白点,形成前宽后窄的神经板。

神经褶期　胚胎神经板从前端边缘开始向后逐渐隆起,形成神经褶,背中央成小沟,即为神经沟,胚体略伸长。

胚胎转动期　也称神经沟期。胚体两侧神经褶从后向前逐渐向中央靠拢,中间成沟状,即为神经沟。胚体表面有纤毛,使胚胎在卵胶膜内微微转动,胚体伸长。

神经管期　自神经管形成开始至尾芽明显时止。胚体神经褶自后端起始向前渐次愈合为神经管。此时,前端两侧增厚隆起,形成感觉板,鳃板锥形、口吸盘原基出现。头部与胸部之间变细。

尾芽期　自尾芽翘起至肌肉效应出现为止。胚胎后端明显出现尾芽,并逐渐伸长翘起,口吸盘已形成,为倒八字形,感觉板、鳃板已明显,鳃板后上方原肾基稍隆起,体背部成纵隆起,肌节开始略显。

肌肉效应期　自胚体受刺激时出现左右扭动至心脏跳动为止。主要特征为胚体受到刺激能左右扭动,尾伸长,鳃板隆起为三棱状,眼泡、肾原基及肌节明显。

心跳期　从心脏跳动开始至鳃出现血循环时止。除心跳为此期的特点外,口窝及嗅窝明显,鳃部已有两个芽状突起,为第一、二外鳃芽,胚体伸长。

鳃血循环期　从鳃出现血循环至孵化为止。出现鳃血循环时,三枝外鳃形成,中鳃发育快,已有两个小分枝,前鳃单枝,后鳃只有一小突起,以后分枝增多。外鳃丝内血液流动呈脉冲状,血液无色;眼眶明显可见,口窝加深,尾部加长,尾鳍增高。

孵化期　从胚胎开始出现胶膜到开口期为止。孵化时,胚体左右扭动逐渐将三层胶膜撕破,胚体脱出胶膜,此时蝌蚪以口吸盘粘于胶膜上。刚孵化的蝌蚪侧卧于培养缸底,受到惊扰时只能做短距离游动,身体不能保持平衡。蝌蚪体伸长,鳃发育完全,为前2分枝,中3分枝,后1分枝,腹后部变窄。(蛙类早期胚胎发育过程中,是否单列为一个孵化期,目前仍有不同的看法,这有待于今后进一步的研究,以便统一。)

开口期　从开口到尾血循环可见时止。口窝内的口板膜穿通,眼的角膜稍显透明,晶体明显可见,但虹膜色素未形成;腹部缩短,腹前部加宽。

尾血循环期　明显可见尾鳍后部的小血管内有血液川流,血球红色;口部尚未硬化变黑的角质齿生成;眼球虹膜上缘有黑色素出现;腹部进一步缩短,前部加宽。

发育后期,口吸盘退化,蝌蚪能自由游动并保持身体平衡。

鳃盖褶期　外鳃基部出现褶状突起,并逐渐向鳃丝末端延伸,眼球虹膜黑色素成环形,口角质齿硬化变黑,肠管发生弯曲,内有绿色食物,肛孔打通。肺芽伸长,在鳃后逐渐形成褐色斑。

鳃盖右侧闭合期　右侧鳃丝渐缩短,鳃盖褶伸展盖过鳃丝,最后包围鳃丝,其边缘与腹壁表皮愈合,此时左侧的鳃褶已向腹部伸展盖过鳃丝多半。另外,有少部分个体左鳃褶闭合在先,并在体左侧与腹壁愈合,而右侧鳃褶伸展在后。

鳃盖完成期　左侧鳃盖褶合拢,将鳃丝包入,在腹侧左前部留下一孔,为出水孔,少部分则在腹右侧前部形成出水孔。肺囊明显,在眼后形成褐色斑。至此,早期发育完成。

【参考文献】

韩曙平,卢祥云.金线蛙早期胚胎发育的初步观察[J].动物学杂志,2001,36(1):6-11.

模块四 腔肠动物

腔肠动物体呈辐射对称,具有两胚层,有组织分化、原始的消化腔及原始的神经系统,营被动生活,大多生活在海洋里,少数生活在淡水里,是真正后生动物的开始。水螅是腔肠动物的代表动物,广泛分布于淡水中,易采集、培养和观察,其形态结构与生命活动展示了腔肠动物的主要特征,对其进行实验观察有助于理解胚层、细胞分化和组织分化等在进化中的意义,有助于理解腔肠动物在动物进化史上占有的重要地位。

实验五 水螅及其他腔肠动物

【目的与要求】

通过水螅及其他腔肠动物的观察,了解腔肠动物门的主要特征。

【材料与用具】

(1) 实验动物和材料:活水螅,水螅整体装片,水螅横切片、纵切片,水螅过精巢、卵巢切片。

(2) 器材和仪器:显微镜、放大镜。

【方法与步骤】

(一) 水螅整体装片的观察

分别取水螅带芽整体装片、水螅过精巢和卵巢的整体装片,在低倍镜下观察。水螅体呈长筒形,身体封闭的一端称为基盘,能够分泌黏液而附着在其他物体上,另一端称为口端,口端中央有一星形的口,口周围突起部分称为垂唇。垂唇周围有5~12条细长的触手。在触手和身体表面有颗粒状突起的刺细胞。

水螅出芽生殖时,可观察到由体壁突起形成的芽体,芽体的腔肠与母体相通;有性生殖时,在身体近口端的体壁外胚层长出呈指状突起的精巢和身体近基盘的体壁上呈球状突起的卵巢。

(二) 水螅纵切片和横切片的观察

在低倍镜下观察水螅纵切片,仔细辨认水螅的外胚层、中胶层和内胚层;观察水螅横切片,辨认外胚层、中胶层、内胚层和消化循环腔。在高倍镜下观察水螅纵切片或横切片体壁的一部分。

1. 外胚层(皮层)

外胚层(皮层)位于体壁的最外层,细胞细小,排列整齐。外胚层由6种细胞组成。外皮肌细胞为表皮细胞,数量多,呈柱状,细胞核位于细胞中央。间细胞呈圆形,较小,夹杂在外皮肌细胞基部。感觉细胞小且狭长,分布在外皮肌细胞间。神经细胞位于外胚层基部,彼此以突起联络成网状,未经染色不易观察到。刺细胞一般呈梨形,内有刺丝囊和刺丝,细胞核在刺丝囊基部的胞质中,分布于外皮肌细胞间,以触手和垂唇处最多。黏细胞主要分布于基盘。

2. 中胶层

中胶层位于内、外胚层之间,是由内、外胚层细胞分泌的一层薄而透明的非细胞结构的胶状物质。

3. 内胚层(胃层)

内胚层(胃层)是靠近消化循环腔的一层,细胞较大,排列不整齐,包含多种细胞。内皮肌细胞数目最多,细胞大,核清晰,呈囊状,顶端常有 2 根鞭毛,能激动水流,也可伸出伪足攫取食物,形成食物泡,与黏细胞紧密排列在消化循环腔周围。腺细胞数目较多,呈狭长锥形,能分泌消化酶,细胞内有颗粒,染色深。感觉细胞位于皮肌细胞间,长圆柱形。间细胞与外胚层的相似。

4. 消化循环腔

消化循环腔是内胚层围成的空腔,只有前端的口与外界相通。消化循环腔与芽体和触手相通。

水螅的纵切面和横切面模式图分别见图 4-1 和图 4-2。

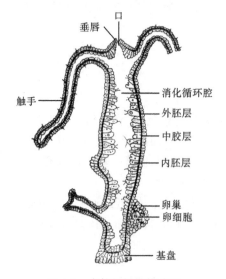

图 4-1 水螅纵切面模式图

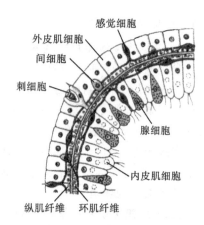

图 4-2 水螅横切面模式图
(自 Hickman)

(三)过精巢和卵巢横切片的观察

水螅的精巢和卵巢由外胚层分化而来。在成熟水螅过精巢的切面上,精巢呈近圆锥形,里面有许多点状突起,由内向外依次是精母细胞、精细胞和成熟精子。在成熟水螅卵巢横切面上,卵巢为卵圆形,成熟卵巢中只有一个卵细胞,其余的是扁平营养细胞。

(四) 其他腔肠动物的观察

1. 薮枝螅（*Obelia*）

薮枝螅属于水螅纲被芽螅目，海产，群体生活。薮枝螅以螅根固着在海藻或岩石等物体上，向上生出螅茎，螅茎呈树状分叉，向上生出多个短的侧枝，末端生有水螅体和生殖体。水螅体又称为营养体、水螅型，顶端有口和触手，触手远较淡水水螅的多，实心。生殖体呈盲管状，管壁的两个胚层向外突出，褶皱，形成许多扁平的囊，即水母芽，脱落后发育成水母型世代个体，无口和触手。水螅体和生殖体彼此以螅茎中的共肉连接，整个群体外覆盖一层透明的几丁质的围鞘，消化循环腔相互连通。

2. 桃花水母（*Craspedacusta*）

桃花水母属于水螅纲淡水水母目，为淡水种类，具有典型水母体制，体呈半球形，赤道面内凹似伞形。生活时凹面朝下，漂浮生活。凹面中央有垂管，垂管末端为口。垂管通入胃腔，胃腔内壁是内胚层，半球的球面和凹面都是外胚层，内、外胚层之间是厚的中胶层。由胃腔发出4条辐管穿行于中胶层，与伞边缘的环管相连。伞边缘有数百条触手。生殖腺有4个，在4个辐管的下面，由外胚层形成。伞边缘向内生有一圈缘膜。

3. 钩手水母（*Gonionemus*）

钩手水母属于水螅纲硬水母目，海产，水螅体非常小，水母体世代发达，形似桃花水母，触手多达80条以上，生活时能够伸缩，近末端有一个黏垫，触手在此处做锐角弯曲，故名。缘膜明显。

4. 海月水母（*Aurelia aurita*）

海月水母属于钵水母纲旗口水母目，海中漂浮生活。水母体呈扁平圆盘状，乳白色，几乎透明。身体成严格的四辐射对称。浮游时，外伞面向上，内伞面向下。伞缘悬挂很多触手，并有8个缺刻，每个缺刻有1个触手囊，囊的末端有平衡器。下伞中央有一个极短而不明显的垂管，垂管末端有1个四面形的口，由口的四角伸出4个口腕，口腕上有刺细胞。生活史上有典型的世代交替现象。雌雄异体，外形相似，具有4个马蹄形的生殖腺。

5. 海蜇（*Rhopilema*）

海蜇属于钵水母纲根口水母目，为大型食用钵水母，体明显分为体部和腕部，伞体高，呈半球形，伞表面光滑，中胶层发达，厚且硬。伞的主辐和间辐各有一凹陷，将伞体缘分为8区，每区有10～20个缘瓣。下伞面中央为胃腔，由此向下伸出柱状垂管，其基部从辐处向外侧突出8对大型肩板。肩板左右侧扁，上缘皱褶，其上具有许多吸口和附器。垂管末端有8个口腕，口腕在海蜇变态期间彼此愈合，故垂管末端的口已经消失。每个口腕分3翼，各翼也有皱褶，其上也具有吸口、小触手及附器。附器易脱落，一般标本不易见。吸口呈喇叭状，直径约为0.5 mm，吸口内有小管道连于腕管，通入胃腔。

6. 红珊瑚（*Corallium*）

红珊瑚属于八放珊瑚亚纲柳珊瑚目，为国家一级保护动物，生活在 200～2 000 m 大海深处，生长速度非常缓慢，通常长 1 cm 需要 20 年，300 年才长 1 kg。红珊瑚群体呈树枝状，有钙质或角质的中轴骨骼。

7. 海葵（*Actiniaria*）

海葵属于珊瑚纲海葵目，海产，单体，无骨骼，只有水螅世代，体呈圆筒形，一端的基盘附着于岩石或其他物体上，另一端是口盘，口盘中央有一裂缝形的口，周围有许多中空的触手。生活时海葵身体与触手充分伸展，似花朵状，故名。

【作业与思考题】

(1) 绘水螅横切面或纵切面的结构图，注明各部分的名称。

(2) 通过观察，总结腔肠动物的主要特征。

(3) 如何理解腔肠动物在进化中的重要地位？

【补充知识】

（一）水螅的采集与培养

水螅多生活在氧气充足、水质清洁、富含水生植物、流速缓慢的湖泊、溪流和池塘中，常附于水草上，有时也浮在水面，春秋两季数量多，容易采到，冬天沉到水底，极难发现。从水中捞取水草，检查它们的背面，如果有圆形、灰白色或赭黄色的颗粒状小体附着在上面，手指轻抚有弹性感觉，这就是收缩的水螅体。采集这些水草放入盛有池水的培养缸内，水高至缸的 4/5 处，然后把缸放在阳光不能直射的地方。1～2 h 后，在缸壁、缸底和水草的茎叶上可见附着的水螅，姿态舒展，触手清晰可见。

在室内培养时可用池水、井水，如果用自来水，需在阳光下养水 5～7 d。饲养的温度应该控制在 15～20 ℃，水要清洁，最好在培养缸内植入水生植物。水螅为肉食性的，因此每天或隔天要用活水蚤(鱼虫)进行饲喂，不要投喂死的水蚤或肉屑，否则会使水质变坏，容易引起水螅死亡。在适宜条件下，水螅繁殖很快，到了一定数量后应分缸饲养。室内饲养的水螅，一般在 5 月上旬、10 月中旬和 12 月下旬会发生有性生殖。水螅的胚胎发育到一定时期后脱离母体，沉入水底，这种现象在冬天尤为多见，所以有时在缸内看不到水螅，不要把水倒掉，只要保持水质良好，小水螅仍会出现。

（二）水螅的刺细胞与刺丝囊的观察

将一个水螅置于有水的载玻片上，用两支解剖针交叉切断水螅触手 2～3 条，将一部分水和触手留在载玻片上，加盖盖玻片，在显微镜下观察。水螅体表有许多瘤状小突起，这是由皮层的皮肌细胞和几个刺细胞融合而成的刺胞架，当遇到食物或刺激时刺丝囊会发射出刺丝。刺丝囊在间细胞中形成，形成刺丝囊后的间细胞称为刺细胞。利用铅笔的橡皮头在盖玻片上均匀用力加压，把触手压扁，在高倍显微镜下，可见刺丝囊由刺细胞中压出，有的刺丝囊中的刺丝已经射出；也可向盖玻片的一侧滴加

1%醋酸,在另一侧用吸水纸吸引溶液,在显微镜下观察刺丝的射出。

(三) 水螅网状神经的显示

吸取少量饲养用水,连同 2～3 只饥饿而健壮的水螅放入小培养皿中,饲养用水以能没过水螅为宜。水螅稍微舒展虫体后,用镊子夹取 $MgSO_4$ 颗粒逐颗放入水中,使水螅慢慢麻醉至用解剖针触碰水螅身体和触手不收缩为止。若 $MgSO_4$ 颗粒放得过急过多,会使水螅紧紧收缩甚至死亡而不利于观察。吸取已经麻醉的水螅到载玻片上,滴加 2～3 滴 0.01% 亚甲基蓝溶液,置于显微镜下随时观察。十几分钟后,水螅的网状神经逐渐显现出来,盖上盖玻片,转换成高倍镜观察,可见神经细胞的突起彼此连接而形成网状。

模块五　扁形动物

扁形动物有2万余种,首次出现了两侧对称和中胚层,身体结构出现了器官系统的初步分化。扁形动物具有三胚层和不完全的消化循环系统,无体腔。各纲动物的器官系统和生活史由于适应不同的生活环境而发生特化。已知涡虫有约1500种,多数生活在水中,海水居多,自由生活,其结构特征反映了自由生活的扁形动物的基本特征。绦虫纲全部为寄生种类,为了适应寄生生活,其器官系统发生了一系列特化,包括运动器官和消化器官消失,生殖器官特别发达;生活史复杂,普遍存在更换寄主的现象;具有吸附器官。

实验六　三角涡虫和猪带绦虫

【目的与要求】

（1）以涡虫为涡虫纲的代表,观察其形态结构、运动方式,了解自由生活的扁形动物的主要特征及其形态结构与环境的统一。

（2）以猪带绦虫为绦虫纲的代表,通过对猪带绦虫的结构的观察,了解其适应寄生生活的结构特征和功能,并了解寄生虫病的发生、传播途径及防治措施。

【材料与用具】

（1）实验动物和材料:真涡虫活标本、涡虫整体装片、涡虫切片、猪带绦虫头节、未成熟节片、成熟节片及猪囊尾蚴装片。

（2）试剂:硫酸镁结晶、食盐、0.04%醋酸。

（3）器材和仪器:显微镜、放大镜、培养皿、载玻片、解剖针。

【方法与步骤】

（一）涡虫的观察

1. 外部形态及运动的观察

取一活体的真涡虫,置于载玻片的水滴中,用放大镜或体视显微镜观察。

真涡虫属于涡虫纲(Turbellaria)三肠目(Tricladida),身体扁平,背面稍凸,左右对称,多为黑色或褐色,腹面色浅。身体前端约呈三角形,前端背面2个圆形黑点为眼,头部向两侧凸出2个三角形的耳突。在腹面中部的中线有一透明处,就是涡虫咽的位置,其末端为口,咽常从口中伸出,生殖孔位于口后部。体后端较尖。体表被有纤毛。涡虫借助纤毛的摆动和分泌的黏液向前移动,也可离开附着物做短距离游动。涡虫是靠皮肤肌肉囊的伸缩完成蠕动的。

2. 涡虫整体装片的观察

将涡虫整体装片置于显微镜下观察。真涡虫的消化系统和排泄系统如图5-1所示,生殖系统和神经系统如图 5-2 所示。

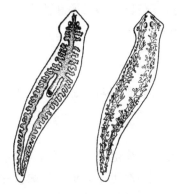

图 5-1　真涡虫的消化系统和排泄系统

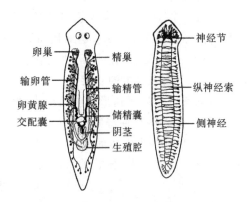

图 5-2　真涡虫的生殖系统和神经系统

（1）消化系统。涡虫的口在身体腹面中部,口后为咽囊,其中有肌肉质的咽,咽能从口中伸出捕食。咽连接有 3 条盲支的肠,一支向前,两支向后,每支分出许多盲管状小支。涡虫无肛门。

（2）排泄系统。涡虫体内两侧有两条细长弯曲的纵排泄管,上有分支,分支末端为膨大的盲管状的焰细胞。短管末端有排泄口,在身体背面,开口于体外。

也可活体观察涡虫。将饥饿数日的涡虫置于载玻片上的水滴中,虫体伸展后,加盖盖玻片,用铅笔的橡皮头轻压,均匀碾开虫体,在低倍镜下观察到虫体两侧有一系列不规则的闪烁光亮,选择清晰处在高倍镜下观察,可见细管分支,液体在其中定向流动。闪烁光亮为原肾管分支末端焰细胞鞭毛摆动所致。

（3）神经系统。有脑和两条神经索,神经索之间有横神经相连,呈梯形。

（4）生殖系统。涡虫是雌雄同体。

雄性生殖系统包括精巢、输精管、储精囊和阴茎。精巢是位于前行肠管两侧的圆球状腺体,数目多,每个精巢各有一个输精小管通出。输精小管通入输精管,一对,后接储精囊。储精囊是输精管后端膨大部分。左右储精囊汇合形成肌肉质阴茎,阴茎位于生殖腔内。

雌性生殖系统包括卵巢、输卵管和阴道。一对卵巢,呈椭圆形,位于身体前方两侧。各有一条输卵管向后在身体后端汇合成为阴道。输卵管外侧有许多叉状卵黄腺,各有短的卵黄管通入输卵管。阴道开口于生殖腔,生殖腔有孔与外界相通。此外,在生殖腔左侧有一个较大的受精囊,右侧有一个较小的肌肉囊,都通入生殖腔。

3. 涡虫横切片的观察

将涡虫横切片置于显微镜下观察。涡虫横切面呈弓形,背面隆起,腹面扁平。体层由 3 个胚层构成,无体腔。

（1）外胚层。表皮层位于身体最外层,由一层柱状上皮细胞组成,腹面表皮细胞有很多纤毛。腺细胞夹杂在表皮细胞间,细胞大,囊状,内有很多染色深的颗粒。上皮细胞间分散着的条状小体即杆状体。基膜是表皮细胞基层的一层非细胞结构的薄膜。

(2) 中胚层。肌肉组织在基膜下构成肌肉层,包括环肌层、纵肌层和背腹肌。体壁和肠壁间有柔软组织,是细胞间彼此相通的合胞体。

(3) 内胚层。内胚层形成消化道的上皮细胞。

(二) 猪带绦虫的观察

猪带绦虫属于扁形动物门绦虫纲多节绦虫亚纲圆叶目带形科。成虫寄生于人体小肠内,为人体常见寄生虫。

1. 猪带绦虫整体的观察

绦虫身体扁平,长如带状,全长 2~4 m,全身由许多节片组成,分为头节(球形)、颈节(细小,分节不明显)、未成熟节片(宽大于长)、成熟节片(近于方形)、妊娠节片或孕节(长方形)。

2. 猪带绦虫节片的观察

(1) 头节和颈节。头节呈球形,四周分布有 4 个大而深的杯形吸盘,头节前端中央突出部分为圆锥形的顶突,周围着生两圈小钩。紧接头节之后为不分节的颈节,有形成新节片的能力。

(2) 未成熟节片。未成熟节片是颈节之后的一部分节片,生殖器官未发育成熟,仅可见两侧的纵排泄管。从形态上看,未成熟节片的宽度大于长度。

(3) 成熟节片。紧接未成熟节片之后为成熟节片,此种节片雌、雄生殖器官已完全成熟,宽度大于长度,近方形。在节片两侧各有一条纵排泄管,每个节后缘有一条横排泄管,与纵排泄管相连。

①雄性生殖系统。精巢呈小滤泡状,分散在节片前方两侧,较多,有 150~200 个,由输出小管连接(不易见),此小管集合成输精管,通往节片一侧与阴茎相连,阴茎包在阴茎囊中。阴茎末端开口于生殖腔,以生殖孔开口于体外。

②雌性生殖系统。卵巢 1 个,3 叶,左右各一叶,在中央近生殖孔一侧另有一叶。输卵管为连接于卵巢上的短管,不易看清。子宫为节片正中的一个盲囊状结构。卵黄腺形状不规则,位于节片后部,有卵黄腺管与成卵腔相通。成卵腔位于卵黄腺管与输卵管相接处,被颗粒状的梅氏腺包围,并向侧面通入管道状的阴道。雌性生殖孔开口于生殖腔内。

(4) 妊娠节片。妊娠节片的长度约为宽度的 2 倍,高度分支且充满虫卵的子宫填满了整个节片,子宫一侧分 7~13 支。此种节片随时可脱落,随粪便排出体外。

(三) 其他扁形动物

1. 肝片吸虫(*Fasciola hepatica*)

肝片吸虫一般寄生于牛、羊的肝管,偶可感染人体。体扁大,体前端突出形成头锥,口吸盘位于头锥中央,腹吸盘较大,位于头锥之后。肠管有侧支。中间宿主为椎实螺类。

2. 布氏姜片虫(*Fasciolopsis buski*)

布氏姜片虫为人体寄生吸虫中最大的一种,寄生于人、猪的小肠中。虫体大而扁平,卵圆形,状似姜片。虫体前端有1个口吸盘,腹吸盘靠近口吸盘,比口吸盘大3~4倍。肠管2支,每支有4~6个波浪形弯曲。成虫寄生的中间宿主为扁卷螺类。

3. 日本血吸虫(*Schistosoma japonicum*)

日本血吸虫为雌雄异体。雄虫粗短,体腹面有抱雌沟,精巢7个,生殖孔开口于腹吸盘后方。雌虫细长,卵巢卵圆形,不分叶,生殖孔开口于腹吸盘后方。成虫寄生于人、牛、鼠、猫和狗等肠系膜静脉血管,常雌雄合抱。中间宿主为钉螺。

4. 牛带绦虫(*Taenia saginata*)

牛带绦虫成虫为乳白色扁平带状,一般长5~10 m,最长可达25 m,寄生于人体小肠,人是其唯一终宿主。牛带绦虫成虫一般有1 000~2 000节,节片较厚,不透明。头节略呈方形,有吸盘,无顶突小钩。成熟节片卵巢分2叶,子宫前端常可见短小分支。孕节子宫分支较整齐,每侧15~30支,支端多有分叉。囊尾蚴头节无顶突及小钩,一般不寄生于人体致其引起囊虫病。

【作业与思考题】

(1) 绘涡虫外部形态和内部结构图,并注明各部分结构的名称,分析总结涡虫对自由生活的适应性。

(2) 绘猪带绦虫成熟节片和妊娠节片图,分析绦虫如何适应寄生生活。

(3) 与腔肠动物相比,扁形动物具有哪些进步特征?这些特征(主要是体形、体制、体层、消化系统和神经系统)有何不同?在动物进化中有何意义?

【案例研究】

涡虫的再生实验

1740年,Abraham Tremblay发现水螅的再生和无性生殖后,激起了与他同时代的科学家研究再生问题和识别与水螅类似的具有再生能力的生物的极大热情。尽管在Tremblay的回忆录中出现了涡虫,但是他确实没有尝试测定涡虫的再生能力。因此,直到二十多年后的1766年,Peter Simon Pallas首次描述了涡虫的再生。随后,吸引了很多研究者来研究这个"刀刃上永生的"生物。不论是横切还是纵切为两半,涡虫都能够完全再生;即使将涡虫切为八个片段也能再生。Harriet Randolph的研究表明一个肉眼可见的片段也能再生为完整的涡虫。当时,Randolph是Wilson E B的学生,Thomas Hunt Morgan借鉴了Randolph的系统实验作为他研究的起点。

在Randolph的工作基础上,Morgan的研究表明小至涡虫的1/279的片段也能再生为一个完整的涡虫。Morgan还解决了极性问题:尾段如何知道再生一个新的头和头段如何知道再生一个新的尾?Morgan首次提出形态发生梯度(morphogenetic gradient)假说来解释涡虫的这个过程。小片段再生时发生的组织重建是 Morgan 极其感兴趣的另一个主题。Morgan 的实验表明了涡虫的这些调节性的形状变化。涡虫截断的头部产生了一个较宽而短的头片,接下来的几个星期,头片改变了形状,变得相对比较细长;两个月内,一个身体成比例的小涡虫形成了。Morgan 创造了"变形再生(morphollaxis)"这个词来描述发生在旧组织中的这种转变,它导致涡虫身体恢复比例,这种重构是在切面不增生的情况下发生的。

研究者提出了许多再生理论,主要的有两个:扩散梯度模型(diffusion gradient model)和极坐标模型(polar coordinate model)。

扩散梯度模型认为位置信息是通过化学物质——成形素的梯度来确定的。细胞通过成形素的浓度确定自己的位置,并通过成形素浓度梯度方向确定极性。该模型将生物体分为多个区段(图5-3),每个区段成形素的阈值水平不同,细胞会形成不同的结构。例如,涡虫从中间一切两半,每段切面的成形素浓度不同,细胞就会生成与整体和极性相关的芽基。前段将再生一个尾端,后段将再生一个头端。

极坐标模型认为细胞根据其接收的位置信息识别自身在整体中的位置。这个位置信息如同"邮政编码",指定细胞与生物体其他部分相比应位于什么位置。有两套系统来编码"邮政编码",一是沿着前后轴给予的位置信息,另一个是依据周径提示的位置信息。这种信息不是编码于可扩散的成形素,而是编码于细胞表面分子。该模型指定两套值限定细胞位置信息。A~E 值指定沿前后轴的位置,顺时针方向数值指定细胞在周径上的位置,每个细胞的"邮政编码"就是这两套值的组合。该模型假设每个细胞知道自己两边的"邮政编码",如果一个细胞处于恰当的位置,再生不会发生;如果位置不恰当,再生将发生直至建立正确的顺序。如图5-4所示,如果移去 B 段,使 A 和 C 段并列,将发生再生使 A 和 C 之间插入 B;如果周径中一个切片移去,使 2 和 5 并列,将发生再生,于 2 和 5 之间插入 3 和 4。极坐标模型还有两个附加准则:一是插入总是沿最短路线来恢复结构的完整性,如果 2 和 5 并列,插入的总是 3 和 4,而非 1、12、11、10、9、8、7、6;另一个是再生最初在切面上发生,然后逐渐再生较远的结构。

【目的与要求】

通过本实验,学习低等蠕形动物活体观察和实验的一般方法,掌握涡虫的采集、饲养及再生实验的方法,了解涡虫再生的规律。

【材料与用具】

(1) 实验动物和材料:活的完整的涡虫、动物肝脏。

(2) 试剂:75%乙醇、抗生素、甲硝哒唑和庆大霉素。

(3) 器材和仪器:毛笔、烧杯、玻璃缸、吸管、解剖镜、培养箱、培养皿、手术刀、解剖针、载玻片。

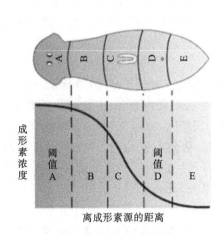

图 5-3　再生的扩散梯度模型的位置信息示意图

前-后端位置信息通过成形素的浓度梯度表示。沿着这个梯度,不同的阈值水平将整个生物体分成 A～E 区。

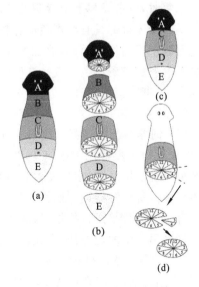

图 5-4　再生的极坐标模型
的位置信息示意图

(a) 前-后端位置信息由 A～E 表示。
(b) 周径位置信息由数字 1～12 按照顺时针方向表示,每个数字代表不同的位置值。
(c) 为了测试模型中的前-后端位置信息,移除 B 段使得 A 和 C 段接合在一起。依据模型推测,在 A 段和 C 段之间会再生,插入新的 B 段。
(d) 为了测试模型中的周径位置信息,移除包含 3 和 4 的扇形体切片。伤口愈合会使 2 和 5 并列。依据模型推测,在 2 和 5 之间将再生,插入 3 和 4。

【方法与步骤】

(一) 涡虫的采集与饲养

1. 涡虫的采集

真涡虫是自由生活的淡水扁形动物,属于涡虫纲三肠目。真涡虫属(*Planaria*)、三角涡虫属(*Dugesia*)、多目涡虫属(*Polycelis*)和细涡虫属(*Phagocata*)为三肠目中常见的四个属,其淡水代表物种普遍用于再生实验。

真涡虫喜欢生活在阴凉的淡水溪流中,常常隐蔽在水底石块或树叶下面,以捕食水中的小型甲壳类、轮虫、线虫和昆虫幼虫为主,也喜食人类丢弃的动物小肉块。翻转石块,可见涡虫紧贴石块表面爬行。石块上有时会有小蚂蟥。涡虫一般背腹扁平,依靠腹面的纤毛在石块表面平缓滑行。而小蚂蟥近圆筒形,尺蠖形爬行,前端常离开石块表面竖起。

采集时,应选择林下或背阴处的溪流,翻动水底石块和树叶,常常可以找到涡虫。由于涡虫身体背部具有黑褐色的保护色,采集时要仔细寻找。如果寻找不到,可取动物的肝脏或肌肉作为诱饵,放在水中,用绳拴好或石块压好,约经 2 h,将诱饵取出,可见到有涡虫在诱饵上取食。这时,可用毛笔将诱饵上的涡虫刷下,放到盛有溪水的容器中,携带回实验室进行饲养。

2. 涡虫的饲养

(1) 饲养容器的选择。选择合适容量的玻璃缸(2 000 mL 的玻璃缸一般盛水 1 500 mL,涡虫数量控制在 400~700 只)。为除去容器制造时的残余物,用纯水(不含肥皂等洗涤用品)浸泡过夜,彻底擦洗干净。饲养时,容器要盖好,并确保有充分的气体交换。每个容器饲养的涡虫密度不能过高,否则引起应激,导致条件致病菌感染。容器中放置鹅卵石数枚,为涡虫提供隐蔽场所。缸内可种植少量水生植物,可以吸收饲养用水中的营养盐,形成一个自然生态系统。

(2) 饲养用水的处理。涡虫对水质和水温的要求比较严格,最好用泉水或池塘水,如果用自来水,应在阳光下养水 5~7 d。饲养涡虫时要注意根据水质的清浊及时换水,及时清除水中废弃的肉块,防止水质变坏而危害涡虫。自然界涡虫可以耐受 3~31 ℃的水温。饲养时水温应控制在 17~20 ℃。水温过高(>15 ℃)有利于细菌滋生,易引起涡虫感染,尤其在再生实验过程中应注意细菌感染,高温环境可能引发再生涡虫较高的死亡率。

(3) 食物的准备与分配。动物肝脏糊精的制作:涡虫可用煮熟的蛋黄或动物肝脏来喂食。以下介绍的动物肝脏糊精制作方法是为了确保肝脏能沉入缸底,利于涡虫取食。

① 将动物肝脏置于预冷的切割面板上,用手术刀剔除所有可见的血管和结缔组织及脂肪。

② 将肝脏切成小块(约 2 cm^3)。如果切割的肝脏较多,及时将切好的肝脏放入预冷的加盖的容器中。

③ 用搅拌器将切好的肝脏粉碎成肉糊。

④ 过滤肉糊,去除残存的结缔组织。

⑤ 离心过滤后的肉糊,以去除气泡(4 ℃、4 000 r/min 离心 5 min)。

⑥ 将肉糊分装到 35 mm 的培养皿中,避免产生气泡。

⑦ −80 ℃保存等分的肝脏肉糊。

喂食:一周喂食涡虫一次,实验前一般禁食 7~15 d,禁食阶段会使涡虫保持代谢状态,使数据误差最小化。

⑧ 溶解一份做好的肉糊。

⑨ 给玻璃缸(培养容器)放入足够的食物(2 000 mL 容器中饲养 400~700 只涡虫,约投入 2 mL 肉糊)。

⑩ 1~2 h 后,用吸管小心移除残留食物。

清洁(换水):喂食完涡虫后应立即换水。另外,2 d 后再换水一次以除去代谢废物和防止水质下降。

⑪ 用吸管轻轻搅动,使涡虫离开水表到达容器底部。

⑫ 倒掉容器中所有的水。必要时,用吸管冲洗虫体使其到达容器底部。

⑬ 给容器倒入少量水(不能添加任何洗涤剂和化学物质),漂洗容器侧壁和底部,将漂洗的水倒出。

⑭ 使用纸巾擦拭容器侧壁和底部的黏液和残杂物。

⑮ 向容器内倒入适量的新鲜的培养用水。

(4) 饲养中的问题及解决办法。

问题 1:涡虫毫无生气地位于容器底部,或轻弹容器壁,有许多涡虫从侧壁落下毫无生气地躺于底部。虫体如同被揉皱,边缘皱而不光滑,甚至虫体蜷缩成"C"形。

解决办法:正常情况下约 50% 涡虫位于容器侧壁。如果涡虫受到应激,考虑以下方法。

① 检查水质。如果水中氨浓度过高,溶解氧就会很低,pH 值偏高或偏低,应立即更换培养用水。约 1 d 后,大多数涡虫会从水质的影响中恢复过来。

② 涡虫密度过高,分群饲养。

问题 2:涡虫背侧有白色或黑色损伤,或前段组织丢失。这种损伤在解剖镜下可见,高倍(200×)下可见原生动物聚集在涡虫伤口处。这可能是水质变差造成的。

解决办法:原生动物的感染不常见,但是可能引起再次感染而破坏整个涡虫群。症状因虫而异,一些涡虫会很快死亡。感觉不适的涡虫在未恢复前一般不进食。因此,对于水质变差和微生物感染而应激的涡虫,一般在恢复前不喂食。移除具有异常行为的感染涡虫,再按照下述方法处理饲养用水。

① 使用甲硝哒唑(3 mg/L)和庆大霉素(50 μg/L)。涡虫一般能够耐受,但是因为甲硝哒唑和庆大霉素主要针对二次感染,所以药物不太有效。如果使用抗生素,要在混合抗生素后将饲养用水的 pH 值调整到 7.5。否则,抗生素会降低 pH 值而对涡虫造成伤害。

② 最有效的治疗感染的办法是将涡虫降温至 10 ℃,过夜,第二天逐渐升温到 18 ℃,彻底清洁容器。接下来的一个星期,每天换水将有助于涡虫快速恢复,丢失的组织将很快再生。

(二) 涡虫再生实验的设计

1. 涡虫的选择和禁食

选择体形较大的涡虫,在 10～20 ℃ 的大培养皿中培养。实验前一周停止喂食,使其肠内的食物残渣完全排净,以避免切割时发生污染,切割后不需要喂食。各种再生实验,均要有重复。重复实验用的涡虫,应尽量选择大小相似的,以使实验结果一致。重复实验切割的同样部位,可放在同一个培养皿中进行培养。手术刀、解剖针等用 75% 乙醇消毒。

2. 涡虫再生实验的设计方案

涡虫再生实验的方案应以探讨再生方式与机制,检验现有再生理论和实验假设为目的,切忌随意无目的的切割。

以下 5 种方案可供参考,前 3 种方案为基本方案,容易观察和实现,后 2 种为检验再生模型而提出的方案。

方案一:将涡虫沿左右轴在咽的前面横切为两半,前半段再生出尾端,后半段再生出头端[图 5-5(a)]。

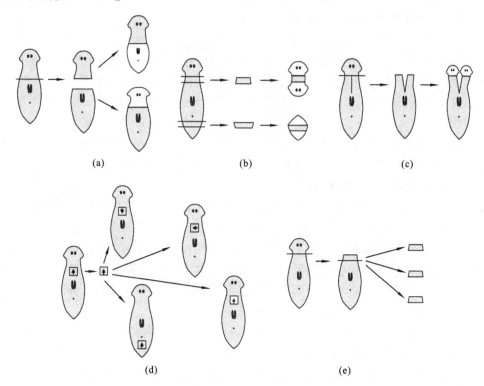

图 5-5 涡虫再生实验的设计方案示意图

方案二:分别从涡虫的前段和后段切取一小段,再生产生两个头和尾,分别称为"坚纽斯双头(Janus heads)"和"坚纽斯双尾(Janus tails)"[图 5-5(b)]。

方案三:T 形切割,即从涡虫耳突后面切去头部,在弃去头的身体一段纵切至咽的前面,身体将再生出双头[图 5-5(c)]。

方案四:从涡虫身体移出一块,将该块以不同的方向放回原位,这样把不相配的位置值并列在一起。可尝试多个位置,包括翻转,使得腹面与背面排在一起[图 5-5(d)]。

方案五:切割时间是建立位置信息的一个重要参数,会对涡虫的再生产生影响。第一次切割从涡虫耳突后面切去头部,第二次切割分别距第一次切割 1.5 min、5~12 min 和 2 h 以上,将切取的小段进行培养,观察不同切割时间的再生情况。如果在 2 h 后进行第二次切割,再生完全正常;如果在 5~12 min 进行第二次切割,发生不正常再生,而且不正常再生比例显著高于立即进行第二次切割的不正常再生比例[图 5-5(e)]。

3. 涡虫的切割和培育

用滴管吸取或毛笔蘸取一只涡虫,放在预冷的载玻片上,置于解剖镜下,等虫体伸展到最长时,按照预定方案,用手术刀在预定的部位进行切割。切割时,刀口必须与玻片垂直,切忌拉锯式切割,切面一定要平整,这样再生时才会均匀生长。

用显微操作针或软刷将切割片段转移至培养皿中,放在阴凉处。每个再生片段分别用一个独立的培养皿,并做好标记。培养用水为煮沸后放置 1 d 的自来水或井水,保持清洁,每隔 2～3 d 换一次水。再生期间不必喂食。如发现切块坏死,应立即取出,以免污染水质。

4. 记录与观察

切割完成后,需每天认真观察,及时记录并绘一些简图。

每次换水时注意保持涡虫培养条件为室温(或同一温度),记录涡虫的再生情况。1 d 左右,可见再生芽基,4～6 d 可见分化的组织,2～3 个星期完成再生。再生芽基缺少色素呈灰白色,视杯出现标志头部再生。

绘制简图说明涡虫的再生情况,包括伤口愈合、再生芽基出现、眼点与咽的出现、再生组织分化、再生大小等,并记录时间。记录重复实验中某一特定再生方式发生的频率。详细记录再生过程中的行为反应,如对于触摸和光线的反应、运动速度和类型、运动方向和再生能力,并将这些行为与对照组的行为对比。

分析数据尽可能以图表形式呈现,可以简化不同实验的比较方式,便于发现再生的趋势和过程。判断实验结果是否与再生模型推测的一致,哪些结果证明了再生模型,哪些与再生模型不一致,并尝试修正再生模型或提出新的模型来解释这些结果。

【思考与拓展】

(1) 设计实验,探索温度对涡虫再生的影响。

(2) 涡虫对刺激具有应答反应,设计实验,检验涡虫是否具有简单的学习能力。

(3) 综合现有的再生理论和模型,设计实验证明其正误和不足,并根据实验结果对其进行修正或提出新的理论。

【参考文献】

[1] 程智君,胡俊,殷康俊. 涡虫再生实验的观察[J]. 生物学教学,2001,26(7):23.

[2] Alvarado A S. Planarian regeneration:its end is its beginning[J]. Cell,2006,124(2):241-245.

[3] Phillip A N, Alvarado A S. Not your father's planarian:a classic model enters the era of functional genomics[J]. Nature,2002,3:210-220.

[4] Peter W R, Alvarado A S. Fundamentals of planarian regeneration[J]. Annual Review of Cell and Developmental Biology,2004,20:725-757.

模块六 假体腔动物

实验七 蛔虫的外部形态与内部结构

【目的与要求】

（1）学习蛔虫解剖的一般方法。

（2）通过对蛔虫的观察，了解动物对寄生生活的适应性变化和线虫动物门的一般特征。

（3）认识重要的假体腔动物，了解它们与人类的关系。

【材料与用具】

（1）实验动物和材料：猪蛔虫浸制标本、蛔虫的横切装片。

在现行治疗模式下，人蛔虫不易得到。猪蛔虫可作为观察材料。猪蛔虫寄生于猪的小肠内，在屠宰场可以收集到。将收集的蛔虫先用清水洗净，如需观察活蛔虫，把蛔虫饲养在 0.9% 生理盐水中，一般能存活 3~5 d。如做浸制标本，用 70 ℃ 的热水将蛔虫处死，取出死蛔虫，平直地放置在较大的缸中，然后用甘油乙醇（5 份甘油加 95 份 70% 乙醇）或 4% 甲醛溶液固定保存。用甘油乙醇保存的材料，在解剖观察时，内脏器官不易损坏。

（2）器材和仪器：放大镜、显微镜、蜡盘、尖头镊、眼科剪、解剖针、大头针等。

【方法与步骤】

（一）蛔虫的外部形态

取雌、雄蛔虫的浸制标本，用清水冲洗、浸泡，去除药液后，利用放大镜观察。

蛔虫体呈圆筒形，前端细而圆，后端粗而尖，体壁半透明，能见到内部器官。身体上有许多细的条纹，表面有角质膜，全身光滑。

蛔虫雌雄异型，雌虫体较粗大，为 20~35 cm×0.3~0.6 cm，躯体前端钝，后端尖。雄虫较细小，为 15~30 cm×0.2~0.5 cm，后端向腹面弯曲。在身体的背、腹及两侧的正中，从头部到尾部各有一条细线，即体线。两侧的侧线较粗，褐色，比较明显；背线较细，隐约可见；腹线白色，较明显。虫体的前端开口是口，口的周围有呈"品"形排列的三个突起的唇。背面的一个较大的是背唇，腹面的两个较小的是腹唇。背唇两侧各有一个感觉乳突，腹唇外缘中央处各有一个乳突。仔细观察，可见背、腹唇的内缘及侧缘有极细的角质小齿。在腹面前端距离腹唇约 2 mm 处的正中线上有一个小孔，为排泄孔，肛门开口于腹面的后端。雄性生殖孔位于虫体后端，与肛门合并为泄殖腔孔，有 2 根交接刺由泄殖腔孔伸出。雌性生殖孔开口于虫体腹面前端约 1/3 处。

(二) 蛔虫的内部结构

取蛔虫,背部朝上置于蜡盘中,用大头针将蛔虫前后端固定,再用眼科剪在离末端 0.5 cm 处沿着虫体背面略偏背中线从后向前剪至前端(也可改用大头针轻轻划开)。剪刀尖应稍向上翘,以防损坏内部器官。剪开后,用镊子拉开两边的体壁,再用大头针间隔 3 cm 并 45°倾斜地插上,使标本固定在蜡盘上。加清水覆满虫体,防止干燥,便于观察。蛔虫的内部结构见图 6-1。

1. 消化系统

蛔虫的消化系统为直的导管,由口、咽、肠、直肠和肛门组成。口位于虫体前端,后方接长梨形肌肉质管道状的咽。咽的后方为一根粗细相似的直管状的肠,其末端较细的一段为直肠,雌虫的直肠由肛门开口于体外,雄虫的直肠开口于泄殖腔。

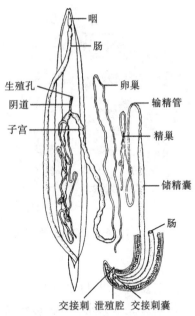

图 6-1 蛔虫的内部结构

2. 排泄系统

蛔虫的排泄系统由 2 条纵排泄管组成。每条镶嵌于一条侧线内,前端联合成一共同的管道,开口于距口不远的腹面的排泄孔。

3. 神经系统

前端围绕咽的为蛔虫的围咽神经环。由围咽神经环向前伸出 6 条神经到达口唇,向后伸出 6 条神经到达身体各部。神经镶嵌在表皮中,较难观察,其中背面和腹面的神经比较发达,镶嵌在皮层的背线和腹线中。从这些神经发出许多侧支,各神经间有纵神经相连。

4. 生殖系统

用镊子小心地将蛔虫的生殖系统拉出,浮在水面上观察。蛔虫是雌雄异体,生殖系统为盘曲在假体腔内的各部分相连的管状构造。

(1) 雌性生殖系统(双管型)。虫体中部靠后端有 2 条细长盘曲的管状结构即卵巢,长度为体长的 4～5 倍,后接一段较透明的细管即输卵管。输卵管后端膨大部分为子宫,左右子宫在体约 1/3 处汇合成阴道。阴道较细,经雌性生殖孔开口于腹面前端约 1/3 处。

(2) 雄性生殖系统(单管型)。线状精巢一个,盘曲于假体腔内,长度约为体长的 3 倍,后接一端较粗的细管即输精管,两者分界不明显。输精管后端膨大部分为储精囊,其末端为稍膨大为射精管,以雄性生殖孔开口于泄殖腔。交接刺为两根略微弯曲的细刺,位于泄殖腔背面交接刺囊内。

(三) 蛔虫横切面

取雌、雄蛔虫横切片置于显微镜下观察。蛔虫的横切面如图 6-2 所示。

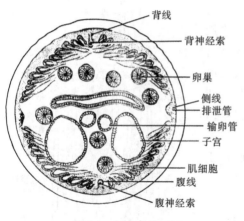

图 6-2 蛔虫的横切面

1. 外胚层

虫体最外层是由表皮细胞分泌的一层非细胞结构的厚而光滑的角质膜。角质膜内侧是细胞,界限不明显,仅见颗粒状细胞核和纵行纤维的表皮层。表皮层在背腹中线及两侧由外皮层细胞向肌肉内凹入,延伸形成 4 条纵行体线。侧线色深而明显,较宽,形状和构造完全相同,中有一条圆形的排泄孔。背线和腹线细而色浅,形状完全相同,在其膨大部分,分别有一条背神经索和腹神经索,腹神经索较粗。

2. 中胚层

表皮层内层是肌肉层,由一层纵列的肌细胞组成。肌细胞大,界限明显,每个肌细胞可分成基部能吸收的较狭窄的收缩部和端部的膨大的含有细胞核的原生质部。肌肉层不连续,被 4 条体线分为 4 个间区。

3. 内胚层

肠是位于横切面中央的扁圆形管腔。前、后肠来源于外胚层,中肠由内胚层形成的一层柱状上皮细胞组成,肠中间的空隙是肠腔,在肠腔内有一层角质薄膜。

4. 假体腔

肠与体壁之间的空腔即假体腔。生活时,腔内有体腔液。横切时,只见到生殖器官。雌虫横切片可见形似车轮的卵巢,卵巢的中心是一中轴,周围有辐射状排列的卵原细胞,比卵巢略大的圆形物是输卵管,中轴已消失,比输卵管大的是子宫,内有空腔,腔内有受精卵。制作子宫横切临时装片,仔细观察,判断受精卵数目。

雄虫横切面的假体腔可见精巢,内有发育程度不同的精细胞和一个中轴,直径与精巢相仿的圆形物是输精管,中轴已消失,较大的圆形物是储精囊,内有精子。

(四)其他原体腔动物

1. 线虫动物(Nematoda)

线虫动物身体呈圆柱形,角质膜厚,一般体壁局部增厚,形成背腹线或侧线。

蛲虫(*Enterobius vermicularis*):又称蠕形住肠线虫。成虫寄生于人的盲肠、结肠上部及回肠下段。雌虫常在夜间下行至肛门及会阴附近产卵,引起皮肤瘙痒。卵孵化后,幼虫从肛门钻回肠道,造成人体逆行感染。成虫体乳白色,呈线头状。雌虫体长 10~12 mm,尾部长而尖细;雄虫长 2~5 mm,尾端卷曲。

十二指肠钩虫(*Ancylostoma duodenale*):寄生在人体的小肠内,引起极度贫血,钩虫病为五大寄生虫病之一。成虫体长约 10 mm,乳白色,躯体弯曲略呈"C"字形。头部有一深的口囊,在口囊腹面两侧有钩齿 2 对。雌虫比雄虫粗长,尾部呈尖锥形,雌性生殖孔位于身体后半部,雄虫后端有交合伞。

鞭虫(*Trichuris trichiura*):成虫寄生在人或动物的肠道内。虫体后部粗,前部约 3/5 细长如鞭,雌雄异体,雄虫后端卷曲,有一交接刺,雌虫后端钝圆,生殖孔开口于粗细端交界处。

班氏丝虫(*Wuchereria bancrofti*):通过蚊虫传播,成虫寄生于人的淋巴管,引起"象皮肿",丧失劳动能力,为五大寄生虫病之一。成虫细丝状,乳白色,表面光滑,雌虫较雄虫长一倍以上。其幼虫寄生于血液中,称为微丝蚴,夜间出现在外围血液中,虫体自然弯曲,细长圆筒状,头端钝圆,尾端狭细,外被鞘膜。

2. 轮形动物(Rotifera)

轮形动物俗称轮虫,身体微小,一般为 100~500 μm,在观察水体原生动物时常能见到,为淡水浮游生物的主要类群,少量生活在海洋里。轮虫绝大部分为单体,少数为群体。

轮虫(*Philodina*):躯体由头、躯干和尾三部分组成,头部有一个由 1~2 圈纤毛组成的轮盘(头冠)在不断转动,是其最显著的特征。体表的角质膜因硬化程度不同而呈现类似体节的环纹,使身体能伸缩。尾部向后渐细呈足状,末端具趾。依靠足腺的分泌物能将身体黏附在其他物体上。

臂尾轮虫(*Brachionus*):多分布于淡水水域,为池塘和湖泊中主要的浮游动物之一,是家养鱼苗开口饵料之一。虫体分头、躯干和尾三部分。头前端有轮冠,轮冠上有 1 圈或 2 圈纤毛,可以激动水流,尾端有分叉的趾,头盘和尾部都能够缩入躯干内部。消化道的咽喉内有一发达的咀嚼器(轮虫分类的依据之一),雌雄异体,一般常见雌体。

3. 腹毛动物(Gastrotricha)

腹毛动物身体微小,体长 0.1~0.6 mm,大多生活在海洋里,少数生活在淡水中。体背角质膜上常有刚毛、棘和鳞片,腹面有纤毛,可借助纤毛的摆动游泳或爬行。

尾趾虫(*Urodasys*):海产种类,身体后端呈长鞭状。

鼬虫(*Chaetonotus*):淡水中的常见种类,躯体前端圆钝,体末端分两叉。

4. 棘头动物(Acanthocephala)

棘头动物全部营寄生生活,寄生在动物的肠道内,虫体大小差异较大,体长 1~65 cm。棘头虫躯体前端有一能伸缩的吻,吻上有许多倒钩,以附着在寄主体内,无消化道,依靠体表吸收寄主体内营养。

猪巨吻棘头虫(*Macracanthorhynchus hirudinaceus*):个体最大的棘头虫,幼体寄生在金龟子幼虫蛴螬体内,成虫寄生在猪的消化道内,以吻钩住肠壁,严重影响其生长发育,甚至致死。

5. 线形动物(Nematomorpha)

线形动物体表包着厚而硬的角质膜,身体如弯曲的铁丝,前后粗细一致,能做扭曲状运动。成体生活在溪流、池塘等淡水中,幼体寄生在昆虫体内。

铁线虫(*Gordius aquaticus*)：成虫体长数十厘米，深褐色，细长如铁丝。雌虫尾端部尖锥状，雄虫尾端分叉。成虫在土壤或淡水沟中营自由生活，幼虫寄生在节肢动物的体腔内，将成熟时离开寄主，回到水中生活。

【作业与思考题】

(1) 绘雌、雄蛔虫的横切面图，注明各部分结构的名称。

(2) 角质膜对蛔虫的寄生生活有什么意义？

(3) 总结线虫动物的主要特征。

模块七 真体腔动物(环节动物和软体动物)

环节动物首先出现身体分节现象,有真体腔。与分节现象和真体腔相关联,环节动物出现了闭管式循环系统、按体节排列的后肾管、链状神经索、运动器官(疣足和刚毛),所以环节动物的各种器官系统趋于复杂、机能增强,在动物演化上发展到一个更高阶段,是高等无脊椎动物的开始。

环节动物是典型的真体腔动物,代表动物蚯蚓虽与蛔虫在外形上有一定的相似性,但有着不同的生活方式。蚯蚓是自由生活的种类,蛔虫营内寄生生活,在躯体结构上反映着与生活方式相适应的特点,也反映出真体腔动物与假体腔动物不同的结构特点。将水螅、涡虫、蛔虫和蚯蚓的形态结构比较研究,有助于理解动物进化过程的几个重要阶段。

软体动物是动物界中仅次于节肢动物的第二大类群,种类多,数量大,生活习性多样,大部分海产,淡水和陆地也有较多分布。软体动物形态和结构变异较大,它们身体柔软,分为头、足和内脏团三部分,体外包有由外套膜分泌物形成的贝壳,这是软体动物的重要标志性形态特征。软体动物具有一些与环节动物相同的特征,如有真体腔、后肾管、螺旋式卵裂和担轮幼虫等,说明它们有着共同的祖先,软体动物是朝着很少运动的被动生活方式发展分化出来的一类动物。许多软体动物具有重要的经济价值,可为人类提供各种食品,以及具有观赏价值。

软体动物的典型代表是瓣鳃纲的河蚌。河蚌具有坚硬的保护性贝壳,头部退化,以斧足为运动器官,借助穿行于身体的水流滤食和呼吸,具有适应极少运动的生活方式的典型特征。

实验八 蚯蚓的外部形态和内部结构

【目的与要求】

(1) 通过对环毛蚓的观察,了解环毛蚓对穴居生活的适应,掌握环节动物和寡毛纲的特征。

(2) 与假体腔动物(蛔虫)进行比较,了解环节动物的进步性特征,以及动物形态、器官系统的结构与机能逐渐演化发展和完善的进化过程。

(3) 认识环节动物的重要类群。

【材料与用具】

(1) 实验动物和材料:环毛蚓活体、浸制标本及横切面玻片标本。

环毛蚓是蚯蚓中的常见类群,一般生活在潮湿和有机质丰富的土壤中,可到蔬菜地和杂木丛下蚓粪多的地方挖掘。解剖标本应具环带且个体较大的为宜。将采集到的环毛蚓用清水冲洗干净后放入容器中,加清水淹没,然后慢慢加入95%乙醇直到浓度达到10%左右。待环毛蚓麻醉后可用于解剖,或直接用70%乙醇或5%福尔马林溶液做成浸制标本。

(2)器材和仪器:显微镜、解剖镜、放大镜、蜡盘、镊子、眼科剪、解剖针、大头钉、玻璃培养皿、滴管、吸水纸等。

【方法与步骤】

(一)环毛蚓的外部形态

环毛蚓体呈长圆柱形,前端略尖,后端钝圆,活体色暗红或灰黑,背部颜色较深,腹面颜色较淡。虫体由许多环状体节组成,节间有节间沟,每节上有浅环纹。除了围口节(第1节)和最后一节,各节中央环上有一圈刚毛。除前几节外,背中线上每一节间处都有背孔。背孔与体腔相通,体腔液可由此射出,使体表湿润黏滑。将环毛蚓背面擦干后,以手轻轻挤压其体两侧,可见体液从背中线节间沟处冒出,此即背孔。

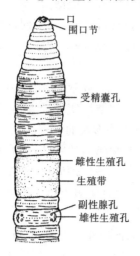

图 7-1 环毛蚓前端腹面

体前端第1节为围口节,其腹面中间是口,口背侧有肉质唇状的口前叶。性成熟的蚯蚓在第14~16节有棕红色隆肿环带,各节之间分界不明显,此即生殖环带。环毛蚓腹面第6/7、7/8、8/9节间沟内有3对横裂状的受精囊孔。雌性生殖孔1个,开口于生殖环带第1节(第14节)的腹面中央;雄性生殖孔1对,开口于第18节腹面两侧的乳头状突起。在受精囊孔和雄性生殖孔附近常有小而圆的生殖乳突。环毛蚓前端腹面如图7-1所示。

(二)环毛蚓的内部结构

将新鲜浸制的环毛蚓置于盘中,用左手手指分别挟住标本的前段和中段,用小剪刀尖端沿蚯蚓的前1/3处略偏背面中线从后向前至口剪开体壁。剪到第3~4节时要特别小心,不要剪断脑神经。剪开体壁时,注意剪刀尖要微上翘,避免戳破消化管使泥沙外露而影响观察。

用镊子将剪开的体壁略掀开,用解剖针轻轻划破肠壁与体壁间的隔膜,并在近切口处,每隔5节用大头针以45°倾斜左右交错将体壁固定在蜡盘上,使两侧体壁完全外展。加清水浸过标本,以防器官干燥,影响观察。

1. 隔膜

在体腔内可见环毛蚓各节间以隔膜分开,将体腔分割成许多小室。

2. 消化系统

环毛蚓的消化系统为直管状,由前向后依次包括口、口腔、咽、食道、嗉囊、砂囊、胃和肠。口和口腔位于体前端,口位于围口节腹面中央,口腔位于第2~3节;在第4

~5节有梨形且肌肉发达的咽;细长形食道位于第6~8节;嗉囊不明显,位于第9节前部;具有磨碎食物功能的球状或桶状砂囊位于第9~10节内,肌肉发达;细长管状的胃位于第11~14节;自第15节向后均为肠,直通肛门,在第27节向前伸出1对角状盲肠。

3. 循环系统

环毛蚓的循环系统为闭管式,经福尔马林固定后血管呈紫黑色,包括背血管、腹血管、心脏、神经下血管和食道下血管。

背血管粗大,位于肠的背面正中央,是一条由后向前行的血管,前端有分支。腹血管是一条位于消化道腹面略细的血管,将肠掀起即可见,从第10节起有分支到体壁上。心脏又称血管弧,是位于第7、9、12、13节的4对较粗的连接背腹血管的环血管,具有收缩作用(不同种蚯蚓的心脏数目和位置存在差异)。一条神经下血管位于腹神经索下,较细,小心移开肠道和腹神经索即可见。一对较细的食道下神经位于前14节的消化道腹面两侧,向后行至第15节时,左右两支向下绕过消化管和腹神经索,愈合为一条神经下血管。

环毛蚓的消化系统与循环系统如图7-2所示。

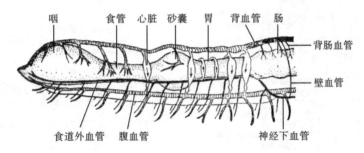

图7-2 环毛蚓的消化系统与循环系统

4. 生殖系统

环毛蚓为雌雄同体。

雌性生殖系统包括受精囊、卵巢及输卵管。受精囊是位于第7、8、9节腹面两侧的三对白色囊状体,由受精囊的囊管与体外相通,在囊管上连有一根弯曲的盲管,其末端膨大部分为纳精囊。一对较小的葡萄状的卵巢位于12~13节近腹中线处的隔膜后,腹神经索的两侧,其下接有输卵管。输卵管是一对很短的小管,位于第14节腹面,前端为漏斗状的卵漏斗,后端两管合并,通雌性生殖孔。

雄性生殖系统包括精巢囊、储精囊、输精管和前列腺。两对精巢囊位于第10、11体节内,各包含一对精巢和一对精漏斗。戳破精巢囊,置于水中,可见精巢囊上方小的圆形体,即为精囊,下方皱纹状的结构即是精漏斗,精漏斗后接输精管,通出精巢囊。一对输精管向后行,由从精漏斗通出的前输精管和后输精管汇合而成,直通位于第18节腹面的雄性生殖孔。2对较大的分叶状的囊体即是储精囊,紧接在精巢囊之后,位于第11、12体节。前列腺为一对白色菊花状腺体,位于第18体节内,有前列腺管通出与输精管合并。

环毛蚓身体前部解剖如图 7-3 所示。

5. 神经系统

环毛蚓的神经系统包括脑、围咽神经、咽下神经节和腹神经索。脑由双叶神经节组成，白色，橄榄形，横置于第 3 节咽的背面。由脑的两侧分出，围绕咽的神经是围咽神经。两侧的围咽神经在咽下汇合形成围咽神经节。连锁状的腹神经索位于消化道腹面，咽下神经节是腹神经索上的第一个神经节，每节都有一个膨大的神经节，发出神经分支到体壁和内脏器官。

环毛蚓的神经系统如图 7-4 所示。

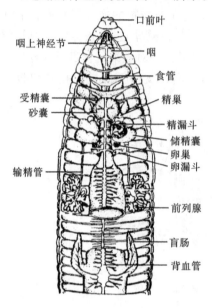

图 7-3　环毛蚓身体前部解剖（背面观）

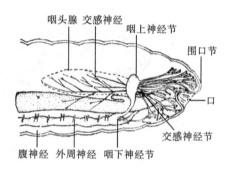

图 7-4　环毛蚓的神经系统

(三) 环毛蚓横切面的观察

1. 体壁

环毛蚓的体壁从外向内依次包含角质膜、表皮层、环肌、纵肌和壁体腔膜。角质膜是位于体表最外层的由表皮细胞分泌而成的一层薄膜。紧靠角质膜的是由一层单层柱状细胞构成的表皮层。一层较薄的环肌位于表皮层以内，紧靠环肌以内的一层较厚的肌肉层是纵肌。纵肌以内的是一层单层扁平上皮细胞组成的壁体腔膜，位于体壁最内层。

2. 肠壁

环毛蚓的脏体腔膜，又称黄色细胞，是位于脏壁最外层近体腔的一层细胞，排列不整齐。紧接其内的是纵肌和环肌。最内层为单层柱状上皮细胞，即肠上皮。在消化管背部的肠上皮细胞下陷成一凹槽即盲道，以增加消化吸收的表面积。

3. 体腔

在体壁与脏壁之间由壁体腔膜与脏体腔膜围成的空腔即真体腔。血管、神经、肾管和生殖器官等均位于体腔内。依据盲道部位区分背腹,神经索为实心结构,位于肠的腹面,腹血管也位于肠的腹面,神经下血管位于神经索下方。

图 7-5 为环毛蚓的横切图。

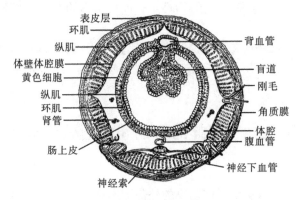

图 7-5 环毛蚓的横切图

(四) 其他环节动物

1. 沙蚕(*Nereis*)

沙蚕属于多毛纲,海产,自由生活。身体分节,头部由口前叶和围口节组成,口前叶上有口前触手和触须各 1 对,眼 2 对;围口节腹面为口,有 4 对丝状围口触手。咽可完全翻出,可见前端有 1 对大的几丁质颚,咽背面有很多细齿。头部以后,每节两侧各有一对扁平的疣足。疣足分背、腹肢,各有 1 根针毛和 1 束刚毛;背、腹肢上下各有一背、腹须。身体末端称末节,末端有肛门,其腹须特化为 1 对长的肛门须。

2. 金钱蛭(*Whitmania laevis*)

金钱蛭属于蛭纲,生活于水田或河沟中。身体背部稍隆起,腹部扁平,前端较细,后端略粗。背面有 5 个黑色间有淡黄色的斑纹,腹面色浅,有少量分散的黑色斑点。腹面有前、后两个吸盘。口在前吸盘中央,后吸盘较大,肛门在后吸盘背面体节末端。全身共有 33 个体节,每节分为若干体环,从体型上仅见体环而非体节。体表无刚毛,在最前面几节上有眼 5 对,不易全部观察到。雌性生殖孔在前 1/3 的腹中线上,雄性生殖孔在其后,相距甚远。

3. 水丝蚓(*Limnodrilus* sp.)

水丝蚓属于寡毛纲,为细长无鳃的水生蚓,生活时红褐色。体节可达 160～205 节。环带位于第 11 节和第 12 节的前 1/2 处。在第 11 节腹面两侧有雄性生殖孔 1 对,在腹面第 11～12 节间沟有雌性生殖孔 1 对,在第 10 节腹面两侧有受精囊孔 1 对。每节有刚毛 4 束。

4. 磷沙蚕(*Chaetopterus*)

磷沙蚕又称毛翼虫,属于多毛纲,穴居于泥沙中的栖管内。躯体由不同形状的体节组成,可分为三部分:前部扁平,共有 10 个体节,除口前节外,两侧各有一对疣足,第 10 对疣足的背肢特化为翼状体。中部第 11~16 节,每节腹面有腹吸盘和扇状体。后部有明显的体节和疣足,节数不定,夜间能发出磷光。

【作业与思考题】

（1）绘环毛蚓前端外部形态图、内部结构原位观察图和 1/2 横切面图,注明主要结构的名称。

（2）使用简图和表格、文字等说明方式,比较水螅、涡虫、蛔虫和蚯蚓 4 种动物在横切面组织结构上的差异,说明环节动物比腔肠动物、扁形动物和线形动物更为高等和进化的特征。

实验九　河蚌的解剖和其他软体动物

【目的与要求】

（1）以河蚌为代表,观察软体动物的外部形态和内部结构,了解软体动物的一般特征及其与生活方式相适应的特征。

（2）认识一些常见和重要的软体动物。

【材料与用具】

（1）实验动物和材料:河蚌活体或浸制河蚌标本。

河蚌又称无齿蚌,是常见的淡水双壳类,分布极广,栖息于江河、湖泊、池沼、水田的底部,以斧足掘入泥沙中,后半部露于泥沙外面,营滤食生活。活体材料可用拖网、蚌耙、挖泥器等从河湖、池塘、水田等底部泥沙中采集。

（2）器材和仪器:解剖盘、解剖剪、解剖刀、解剖针、放大镜、镊子等。

将采集的河蚌用清水冲洗干净,在清水中暂养数日后将河蚌放入水中慢慢加热。当水温升高到 35 ℃左右时,蚌壳逐渐张开,斧足伸出,继续加热,水温控制在 45 ℃左右,河蚌逐渐失去知觉,触动斧足不收缩时即已被麻醉。将麻醉的河蚌用 50%~70%乙醇固定几天,然后用 10%福尔马林溶液固定和保存。

【方法与步骤】

（一）河蚌的外部形态

河蚌属于软体动物门、瓣鳃纲、真瓣鳃目。河蚌壳左右两半,近椭圆形,大小和形状相同,前端钝圆,后端稍尖。两壳铰合的一面为背面,分离的一面为腹面。贝壳背面略偏向前端的隆起部分为壳顶。在壳表面以壳顶为中心,与壳腹缘相平行的许多环纹称为生长线,可用来判断河蚌的年龄。在两壳铰合部有黑褐色的弹性角质韧带相连。

将壳击碎用放大镜观察,或剥取壳的一小部分磨成极薄的断面用显微镜观察,可见角质层位于壳的最外层,由黑色角质素组成;棱柱层为壳中间的较厚的一层,由钙质结晶体组成;最内层为珍珠层,青白色且具有珍珠光泽。

(二)河蚌的内部结构

由于闭壳肌的作用,活的河蚌两壳紧闭,不易打开。解剖时,左手执蚌,右手执解剖刀。将刀柄自两壳腹缘中间合缝处平行插入,扭转刀柄,将壳稍微撑开,插入镊子柄取代刀柄,取出解剖刀。利用解剖刀刀柄将一侧壳内紧贴壳的外套膜与壳轻轻分离,用刀锋紧贴壳划断前、后近背缘处的闭壳肌,壳即打开。也可在解剖前将河蚌麻醉,再按上述方法解剖。取下左壳,依次观察。

揭开贝壳后,可见河蚌无头部,由透明薄膜状的外套膜包围内脏团,内脏团下方连接有斧状的足。外套膜很宽广,包在内脏团的两侧,背面连于内脏团,腹面游离。生活时,左右两片外套膜相互紧贴,与躯体之间的空腔称为外套腔。外套膜在体后端形成两个开孔,下面一个较大,为出水孔,周围有乳头状突起;上面一个较小,为进水孔。壳内前方有一个粗大的前闭壳肌,其上方附近有一个较小的前缩足肌;壳内下方有一个较小的伸足肌;壳内后方有一个粗大的后闭壳肌和较小的后缩足肌。

1. 呼吸系统

河蚌的呼吸器官主要是鳃,外套膜也具有一定的呼吸作用。

左、右一对瓣鳃位于足与外套膜之间、足后缘的两侧。每一瓣鳃由两片鳃瓣组成,靠近外套膜的一片为外鳃瓣,靠近足部的一片为内鳃瓣。每一鳃瓣由2片鳃小瓣合成,即外侧的外鳃小瓣和内侧的内鳃小瓣。鳃小瓣由许多背腹纵行排列的鳃丝组成,两鳃丝之间有许多进水小孔,即鳃小孔。内、外两鳃小瓣之间的鳃间隔把鳃瓣隔成鳃内腔。鳃内腔通鳃瓣背面的鳃上腔,鳃上腔通出水管。

2. 循环系统

河蚌的循环系统包括心脏和动脉干。

围心腔位于内脏团背侧、贝壳铰合部的下方,是一个由透明的围心腔膜包围的空腔。心脏即位于围心腔中,由1个心室、2个心耳组成。心室是一个富有肌肉的长圆形囊,中间有直肠穿过;心耳位于心室两侧下方,是呈三角形的薄壁囊。动脉干是由心室向前、后发出来的血管。在直肠上方有一条由心室向前发出的前大动脉,在直肠下方有一条由心室向后发出的后大动脉。可用剪刀剪破心室,用解剖针沿直肠背面、腹面轻轻挑起观察。

3. 排泄系统

河蚌的排泄系统由肾脏和围心腔腺组成。沿着鳃的上缘去除外套膜和鳃可见肾脏。肾脏1对,位于围心腔腹面两侧,由黑色海绵状腺体部和管状膀胱部组成。腺体部紧贴鳃上腔上方,前端以肾口开口于围心腔前部腹面;膀胱连在腺体部的后上方,末端有肾孔开口于鳃上腔。分枝状的围心腔腺位于围心腔前端两侧,赤褐色。

4. 生殖系统

河蚌为雌雄异体。河蚌的生殖腺位于肠周围的内脏团中。卵巢和精巢不易辨认,除去内脏团的外表组织,勿切断盘曲迂回的肠,可见白色腺体(精巢)或淡黄色腺体(卵巢)。生殖腺左、右两侧各以生殖孔开口于内鳃瓣的鳃上腔内肾孔的下方。

5. 消化系统

河蚌的消化系统包括口、食道、胃、肝脏、肠和肛门。口是位于前闭壳肌腹侧的一横裂缝,两侧各有两片内、外排列的触唇。口后紧接的一个短管是食道,食道后膨大部分是胃,胃周围有1对赤褐色的肝脏。紧接胃后的肠盘曲在内脏团中,后转向背方。小肠后是直肠,直肠穿过围心腔中的心室以肛门开口于出水管内。

6. 神经系统

河蚌的神经系统不发达,主要由3对分散的神经节组成,埋在组织中。脑神经节位于食道下方两侧、前闭壳肌与伸足肌之间。足神经节埋于足部肌肉的前1/3处,紧贴内脏团下方中央(脑神经节直下方足部肌肉中)。脏神经节以蝴蝶状紧贴于后闭壳肌腹面附近。

(三) 其他软体动物类群

1. 腹足纲常见种类

中国圆田螺(*Cipangopaludina chinensis*):俗称螺蛳、田螺、田赢、香螺,属于腹足纲、中腹足目、田螺科、圆田螺属,中国各淡水水域均有分布。贝壳大型,成体壳高可达60 mm,壳宽40 mm,一般壳高40 mm左右。贝壳薄而坚固,宽圆锥形。6~7个螺层,各螺层高度、宽度增长迅速,膨胀。缝合线深。壳顶尖,螺旋部的高度大于壳口高度,体螺层膨大。壳面呈黄褐色或绿褐色,光滑,具有细密的生长线。壳口卵圆形,上方有一锐角,周缘具有黑色框边。脐孔缝状。厣为角质、黄褐色的薄片,具有同心圆的生长线,厣核位于中部,偏向内齿。

杂色鲍(*Haliotis diversicolor*):又称鲍鱼,九孔螺,属于腹足纲、前鳃亚纲、原始腹足目、鲍科,海产。贝壳长卵圆形,中等大,质坚实。除体螺层外,其余各层间的缝合线均不明显。壳顶钝,成体常把磨而露出珍珠光泽。从贝壳顶部开始,有一行整齐排列的突起和呼水孔,其中有6~9个开孔。贝壳表面有许多不规则的旋肋和细密的生长线,生长线逐渐形成明显的褶襞。壳表颜色为绿褐色或暗红色,有杂色斑;壳表的螺肋和颜色及形状随生活环境而异。壳内银白色珍珠光泽强。壳口大,外唇坚硬而薄;内唇厚。肉为名贵食品,壳又称"石决明",可做中药。

唐冠螺(*Cassis cornuta*):腹足纲、前鳃亚纲、中腹足目、冠螺科,为世界四大名螺之一,国家一级保护野生动物,多生活于1~20 m深的砂质海底。贝壳重,厚而大,略呈球形或卵圆形,壳面灰白色到金黄色,具有金属光泽,状似唐代冠帽。螺旋部低矮,肩部有5~7个角状突起。外唇后面有褐色条带,外唇齿和螺轴呈橘色。肉可食用,壳供观赏、雕刻工艺品。

虎斑宝贝(*Cypraea* sp.):腹足纲、前鳃亚纲、中腹足目、宝贝科,为国家二级野生保护动物,海产。壳卵圆形,成体螺旋部消失。体螺层大,壳口狭缝状。贝壳表面覆盖珐琅质,光滑具有光泽,灰白色或淡黄色,点缀有大小不同的黑褐色斑点,犹似虎皮，为珍贵的观赏用品。

蜗牛（*Fructicola* sp.）：腹足纲、肺螺亚纲、柄眼目、大蜗牛科，陆生，栖息于潮湿阴暗地区。壳一般呈低圆锥形，右旋或左旋。头部显著，有触角2对，大的一对触角顶端有眼。头的腹面有口，口内具有齿舌用以刮取食物。腹足扁平宽大，足底有腺体，爬动时分泌黏液。黏液遇空气迅速干燥，留下明显的痕迹。外套腔壁富有血管，能进行气体交换，特称为"肺"。遇环境干燥或冬眠时，由腹足后端腺体分泌膜厣封闭壳口。夜间或雨后外出，嗅觉灵敏，主食绿色植物，为农业害虫，也是畜禽类寄生吸虫的宿主。

2. 瓣鳃纲常见种类

翡翠贻贝（*Perna viridis*）：瓣鳃纲、异柱目、贻贝科，海产。贝壳略呈长三角形，长达13～14 cm，壳长是壳高的2倍。壳顶位于贝壳的最前端，喙状。背缘弧形，腹缘直或略凹。壳较薄，壳面光滑，翠绿色，前半部常呈绿褐色，生长纹细密，前端具有隆起肋。壳内面呈瓷白色，或带青蓝色，有珍珠光泽。铰合齿左壳2个，右壳1个。足丝细软，淡黄色。干制品称为"淡菜"。

大连湾牡蛎（*Ostrea talienwhanensis*）：瓣鳃纲、异柱目。贝壳大型，壳长达14 cm，壳高约6 cm。壳顶尖，延至腹部渐扩张，近似三角形。右壳较左壳小，扁平，壳顶部鳞片趋向愈合，边缘部分疏松，鳞片有波浪状起伏，放射肋不明显。左壳坚厚，极凸，自壳顶部射出数条粗壮的放射肋，鳞片粗壮竖起。壳表面灰黄色，杂以紫褐色斑纹。壳内面为灰白色，有光泽。铰合部小。韧带槽长而深，三角形。闭壳肌痕大。大连湾牡蛎是重要的经济贝类。

中国蛤蜊（*Mactra chinensis*）：瓣鳃纲、真瓣鳃目。壳质坚厚，略呈三角形，壳长一般不超过6 cm，壳高约为长的3/4，左右两壳相等。壳顶位于背缘偏上方，略高出背缘，壳表面黄绿色或黄褐色，具有深浅交替的放射状彩纹。壳顶常呈剥蚀状，白色。生长线明显，呈四线形，在壳顶处细密，三边缘逐渐增粗。内韧带黄褐色。左右壳各具有2枚主齿，左壳前、后各具有1枚片状侧齿，右壳前、后各具有1枚双片侧齿。壳内面白色或带蓝紫色，外套痕明显，外套窦深而钝。

3. 头足纲常见种类

乌贼（*Sepia*）：头足纲、二鳃亚目、十腕目。身体明显分为头、颈、躯干三部分，左右对称。头略成圆形，两侧有眼一对，眼后凹陷为嗅窝，头后细部为颈，头的最前端有腕5对，在腕中央有口。躯干部背腹扁平，外被外套膜，外套膜向两侧伸出，部分为鳍。颈部腹面外套膜的开孔为外套门，呼吸时水由此进入。

鹦鹉螺（*Nautilus* sp.）：头足纲、四鳃亚纲，为活化石，现仅存4种，数量稀少，十分珍贵，国家一级保护动物。体外具有一贝壳，在一个平面上卷曲。壳表面光滑，灰色或淡黄色，具有红褐色放射状斑纹。贝壳内腔被隔片隔成许多壳室，室内充满空气。各室间有一小管相通，调节室内空气，使身体上升或下沉。身体处于最后一室，向外伸出许多触手，可在岩石或珊瑚质海底缓慢爬行。

章鱼(*Octopus* sp.)：头足纲、八腕目、章鱼科。体形大小不一，小的体长约数十厘米，最长超过 60 m，体重达 7 000 kg。躯干部短，圆球形，无鳍，腕 8 条，同形。腕间膜较发达，腕上吸盘无柄。躯干与头部在背面愈合。内壳退化。遇到敌害可从墨囊中放出黑色墨汁，掩藏自己。身体能够迅速改变颜色，抵御敌害。随着章鱼发怒、激动等情感变化，其体内的色素细胞呈现不同颜色，使体色变化多端。章鱼多栖息于浅海沙砾或软泥上，肉质肥厚，可供食用。

【作业与思考题】

(1) 绘河蚌的内部解剖结构图，注明各器官的名称。

(2) 河蚌和乌贼的身体结构特征是如何与它们不同的生活习性相适应的？

【案例研究】

网湖湿地自然保护区淡水双壳类资源状况的调查

双壳类隶属于软体动物门(Mollusca)、双壳纲(Bivalvia)，淡水分布的种类有异柱目的贻贝科(Mytilidae)，真瓣鳃目的珍珠蚌科(Margaritanidae)、蚌科(Unionidae)、蚬科(Corbiculidae)和球蚬科(Sphaeriidae)等种类。全世界淡水双壳类现生种类约有 2 000 种。我国淡水双壳类约有 18 属 150 余种，包括贻贝科 1 属 1 种，珍珠贝科 1 属 1 种，船蛆科 1 属 7 种，蚌科 15 属 140 余种，其中我国的特有种共计 59 种，隶属 3 科 18 属，其中贻贝科 1 属 1 种，占总种数的 1.7%；蚌科 17 属 58 种，占总种数的 98.3%。

淡水双壳类在淡水生态系统中具有重要作用，它们通过滤食营养物质、浮游生物和有机物来保持水质，又是小型动物和鸟类的食物，因此，淡水双壳类在食物网中处于重要地位，一旦淡水生态系统中的淡水双壳类衰减或消失将会引起一系列生态问题。同时，淡水双壳类作为水产养殖对象和工业生产原料，具有很高的经济价值。

作为我国淡水水域中典型的底栖动物，淡水双壳类遍布各种湖泊和河溪。国内外众多学者对我国各个地区的淡水双壳类进行了调查。对网湖湿地自然保护区的淡水双壳类历来缺乏深入研究，仅见 2004 年湖北省野生动植物保护总站、华中师范大学生命科学学院、阳新县林业局和网湖湿地自然保护区管理局的初步调查报告（网湖生物多样性——网湖自然保护区科学考察报告，2005）。

湖北网湖湿地自然保护区地处长江中下游，长江干流南岸，富河下游，位于湖北省黄石市阳新县东部，东经 115°14′00″～115°25′42″，北纬 29°45′11″～29°56′38″，东临长江，南接阳新县枫林镇和木港镇，西与陶港镇、兴国镇和县综合管理区相连，北与陶港镇和半壁山管理区紧邻。保护区总面积 20 495 hm²（1 hm² = 10 000 m²），其中核心区 6 886 hm²，缓冲区 4 593 hm²，实验区 9 016 hm²，依次占保护区总面积的 33.6%、22.4%和 44.0%，属于内陆湿地和水域生态系统类型的自然保护区，类别为野生生物类型自然保护区。

网湖地处湖北省东南湖泊丘陵镶嵌分布地带，紧邻江西鄱阳湖国家级自然保护区，由富河下游大片低洼湖泊群组成，目前有网湖、朱婆湖、赛桥湖、良荐湖、石灰赛湖、下羊湖等，属于浅水型湖泊。网湖湿地自然保护区湿地生境独特，原生条件较好，是澳大利亚—中国—日本—北极鸟类迁徙路线中的一个重要站点，雁鸭类资源特别丰富，也是我省乃至全国保护较为完好的一块湿地，被列入《中国湿地保护行动计划》和湖北湿地保护优先领域，在科学研究、湿地恢复、湿地社区发展、产业结构调整、渔业发展等方面都有着较高的价值。

【目的与要求】

（1）通过本实验，掌握底栖动物调查实验的设计、多样性的统计方法。

（2）能够科学地完成取样点的选择、样品的采集、数据的获取与统计分析，从而了解网湖湿地自然保护区淡水双壳类的种类组成、区系组成、优势种及群落特征。

（3）能够根据调查结果制作相应的动物检索表，撰写调查报告，明确网湖湿地自然保护区淡水双壳类的资源现状。

【材料与用具】

（1）试剂：10％福尔马林溶液、75％乙醇等。

（2）器材和仪器：收集袋、标签、记号笔、白瓷盘、三角拖网、抄网、镊子、改良彼得森采泥器、蚌耙、电子天平、GPS仪。

【方法与步骤】

（一）样本的采集和测定

1. 采集点设置

走访网湖湖区及其周围水系有关县、市及地区，根据湖区不同生境特点将网湖划分为不同的水域。在不同水域设置数量不等的采样断面，每个断面包含3至5个采样站点，用GPS仪记录采样站点的经度和纬度。

2. 采样方法

定性采集的工具有三角拖网、抄网、镊子等，辅以改良彼得森采泥器或蚌耙。所采集的标本按采集地点使用塑料袋分装，并放入标签。标本带回实验室整理和鉴定。

定量调查的方法包括：水深浅于 0.5 m 时，徒手采集 1 m^2 的样方；深水处使用改良彼得森采泥器采集或者使用蚌耙采集（采集面积为蚌耙口宽与拖行距离乘积），倒入底栖动物网进行清洗，然后倒在白瓷盘上来挑拣所有双壳类标本，重复2次。

将采集的空壳标本洗净晾干，活体标本用10％福尔马林溶液或75％乙醇固定，带回实验室分选、鉴定种类、计数和称重。称量时，先用吸水纸吸去动物表面的水分，直到吸水纸表面无水痕为止，定量称量用电子天平，精确到 0.01 g。淡水双壳类的密度和生物量最终折算成每平方米的含量。

3. 双壳类现存量(密度和生物量)的计算

$$密度(\text{ind.}/\text{m}^2) = \frac{计数个体数(个)}{样方面积}$$

$$生物量(\text{g}/\text{m}^2) = \frac{称量质量}{样方面积}$$

贝壳的测量：由壳顶至腹缘的距离为壳高；由贝壳的前端至后端的距离为壳长；左、右两壳间最大的距离为壳宽。

4. 环境因素的测定

记录各采样点的环境参数，包括透明度、温度、水深、底质成分、pH 值、是否有水生植物等。

底质采用改良彼得森采泥器抓取，底质成分的分类为：泥(颗粒直径为 0.06 mm)、沙(颗粒直径为 0.06～4 mm)、沙砾(颗粒直径为 4～32 mm)、小石块(颗粒直径为32～64 mm)、卵石(颗粒直径为 64～256 mm)、大石块(颗粒直径＞256 mm)。

(二) 多样性测定方法

1. 物种多样性分析

(1) Margalef(1951、1957、1958)多样性指数。

$$d = \frac{S-1}{\ln N}$$

式中：d 为 Margalef 多样性指数；S 为物种总数；N 为观察到的个体总数。

(2) Simpson 多样性指数。

$$D = 1 - \sum p_i^2$$

式中：D 为 Simpson 多样性指数；P_i 为物种 i 的个体数占群落中总个体数的比例。

(3) Shannon-Wiener 指数。

$$H' = -\sum_{i=1}^{S} p_i \log_2 p_i$$

$$H'_{\max} = \log_2 S$$

式中：$p_i = \frac{N_i}{N}$；H' 为 Shannon-Wiener 指数；S 为物种总数；P_i 为物种 i 的个体数占群落中总个体数的比例；N_i 是物种 i 的个体数；N 为样本个体总数。

2. 物种均匀度分析

Pielou(1975)均匀度指数。

$$J_{sw} = \frac{H'}{H'_{\max}} = \frac{H'}{\log_2 S}$$

式中：H' 为实际观察的物种多样性指数；$H'_{\max}$ 为最大的物种多样性指数；S 为样方中的物种总数。

3. 物种丰度

直接计算样方中物种数目即物种的丰度。

4. 相似性分析

根据淡水双壳类的种类组成,利用组间平均聚类法对不同断面的淡水双壳类进行系统聚类分析。

5. 优势种分析

按不同淡水双壳类数量占总数的百分比(P)来定义多度等级,P值在10%以上表示该种类为优势种。

(三) 结果统计与分析

将收集的各种数据录入 Excel 电子表格,并对其进行初步地统计和计算;利用 BIO-DAP 软件计算多样性指数和均匀度指数;利用 SPSS 16.0 软件对不同断面的淡水双壳类进行系统聚类分析。

对结果的分析主要集中在以下4个方面:

(1) 网湖湿地自然保护区淡水双壳类的种类组成、区系组成和优势种。

(2) 网湖湿地自然保护区淡水双壳类的群落特征,即淡水双壳类在不同断面出现的频率和数量。

(3) 网湖湿地自然保护区淡水双壳类优势种壳高、壳宽和壳长与体重之间的关系,优势种的种群结构。

(4) 网湖湿地自然保护区淡水双壳类生物的多样性和相似性。

【思考与拓展】

(1) 根据对网湖湿地自然保护区淡水双壳类的调查,撰写一篇调查报告,明确淡水双壳类资源的现状,并提出对淡水双壳类资源的合理保护和利用的建议。

(2) 利用数码相机,对采集到的样本拍照,制作网湖湿地自然保护区淡水双壳类物种名录图谱,同时附以简明的文字介绍该物种的主要特征。

(3) 编制网湖湿地自然保护区淡水双壳类动物检索表。

(4) 根据本实验调查方法,对网湖湿地自然保护区其他底栖生物资源现状进行调查,同时撰写调查报告。

【参考文献】

[1] Holly N B-H, Jeffrey J H, James D W. Evaluation of conservation status, distribution, and reproductive characteristics of an endemic Gulf Coast freshwater mussel, *Lampsilis australis* (Bivalvia: Unionidae) [J]. Biodiversity and Conservation. 2002, 11:1877-1887.

[2] Hans H, David L C. Population characteristics of native freshwater mussels in the mid-Columbia and clearwater rivers, Washington State [J]. Northwest Science. 2008, 82(3):211-221.

[3] 舒凤月,王海军,潘保柱,等. 长江中下游湖泊贝类物种濒危状况评估[J]. 水生生物学报,2009,33(6):1051-1058.

[4] 吴小平,梁彦龄,王洪铸,等.长江中下游湖泊淡水贝类的分布及物种多样性[J].湖泊科学,2000,12(2):112-119.

[5] 舒凤月,王海军,王洪铸.长江中下游湖泊软体动物的多样性及分布现状[J].生态科学,2008,27(5):438-442.

[6] 熊燕.海南自然保护区的陆生和淡水贝类[J].海南大学学报(自然科学版),2001,19(2):157-160.

[7] 严维辉,潘元潮,郝忱,等.洪泽湖底栖生物调查报告[J].水利渔业,2007,27(3):65-68.

[8] 吴和利.鄱阳湖淡水螺类群落结构及生物多样性研究[D].南昌:南昌大学硕士学位论文,2007.

[9] 刘勇江.鄱阳湖淡水双壳类的资源状况及优势种繁殖特性[D].南昌:南昌大学硕士学位论文,2007.

模块八 节肢动物

节肢动物是无脊椎动物中登陆取得巨大成功的一门动物。节肢动物的身体由很多体节构成,并且分部,体外有外骨骼,有分节的附肢,各大类群的结构特征表现出了进化过程中对不同环境的适应。

甲壳动物是节肢动物中适应水生生活的一大类群。通过螯虾的外部形态和内部结构的观察,了解甲壳动物身体分部和附肢的结构变化、机能分工与水生生活的适应性及其在分类和进化上的意义。

昆虫是节肢动物中适应陆生生活的最大类群,也是动物界最大的类群,种类多、数量大、分布广,生活习性各异,与人类关系密切。昆虫的体躯分为头、胸、腹三个部分,头部为感觉和摄食中心,具有1对触角、1对复眼、单眼和口器。胸部为运动中心,具有3对足,通常有2对翅,适应陆生生活。蝗虫的身体结构如呼吸器官、运动器官等都发生了一系列变化,代表了昆虫纲的一般特征。

通过对螯虾和棉蝗的外部形态和内部结构的比较,不仅能够充分验证动物体的结构适应其机能、动物体结构和机能的演变与环境的密切联系,而且能探究动物各器官系统在演变过程中的相关性及动物的整体性。

实验十 螯虾的外部形态与内部解剖

【目的与要求】

(1) 以螯虾为代表了解甲壳动物的一般结构及其对水生生活的适应。

(2) 认识甲壳纲的重要动物,了解甲壳纲动物的多样性。

【材料与用具】

(1) 实验动物和材料:螯虾活体或浸制标本。

甲壳动物浸制标本的制作:可先用硫酸镁(或10%乙醇)麻醉,然后放入含有2%甘油的70%乙醇或5%福尔马林溶液中固定保存。

(2) 器材和仪器:解剖盘、解剖剪、培养皿、放大镜等。

【方法与步骤】

(一) 螯虾的外部形态

螯虾属于节肢动物门、甲壳纲、十足目、爬行虾类。

将螯虾腹面朝上,观察附肢的着生位置。用镊子钳住一侧附肢的基部,从后向前逐个垂直拔下,置于蜡盘或白纸上,依次观察附肢的结构。如果附肢粗大,可用剪刀坏剪其基部与体壁的连接后再拔下,注意保持附肢的完整性,且不要损伤内部器官。

用剪刀剪开螯虾甲壳。剪刀不宜从头胸甲背面中央插入和沿着腹甲背中线剪,应先仔细将甲壳与附在其内缘的肌肉及其内脏器官分离,以防损伤内脏器官。

螯虾身体分头胸部和腹部,共分21节,头部6节,胸部8节,腹部7节。体表被以坚硬的几丁质外骨骼,深红色或红黄色。螯虾的背面观和腹面观见图8-1。

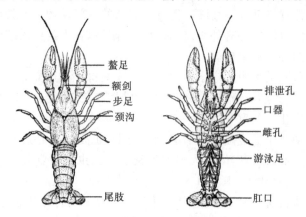

图 8-1　螯虾的背面观和腹面观

1. 头胸部

螯虾头胸部由头部与胸部愈合而成,外披一头胸甲,头胸甲为前端背面覆盖的大形甲壳。头胸甲的背面与胸壁相连,两侧游离,形成鳃腔。约在头胸甲中部有一弧形横沟,为颈沟,是头部与胸部的分界。头胸甲前部中央背腹扁的三角形突起为额剑,其边缘有锯齿。额剑两侧各有一个可以自由转动的眼柄,其上着生复眼。

2. 腹部

螯虾腹部短,背腹扁,体节明显分为6节,其后有尾节。除尾节(最后一节)呈三角形片状,无附肢外,每节具有附肢1对,肛门开口于尾节腹面正中。

3. 附肢

螯虾除第一体节和尾节无附肢外,其余每个体节有1对附肢,共19对。附肢有两种基本类型,一为单肢型,一为双肢型。双肢型的基本模式包括着生于体节的原肢节及并列连接在原肢节上的内肢节和外肢节三部分。除第一对触角为单肢型外,其他都是双肢型,但随着生部位和功能的不同而有不同的形态结构。

(1) 头部附肢。螯虾共有5对头部附肢(图8-2)。

小触角,又称第一触角,1对,位于身体前端,额剑下方,第2节的附肢,原肢3节,内、外肢为2根短须状触鞭,基底节具有平衡囊。大触角,又称第二触角,1对,在小触角之后,第3节的附肢,双肢型,原肢2节,内肢为一细长的鞭状触角,外肢呈叶片状。上颚,又称大颚,1对,第4节的附肢,原肢坚硬,形成咀嚼器,分为扁且边缘有小齿的门齿部和齿面有小突起的白齿部,内肢形成很小的大颚须,外肢退化。小颚,两对,分别为第5、6节附肢,原肢2节,薄片状,内缘具有毛;第一小颚内肢呈小片状,外肢退化;第二小颚内肢甚小,外肢宽大,叶片状,称颚舟叶,它的摆动可激起鳃腔内

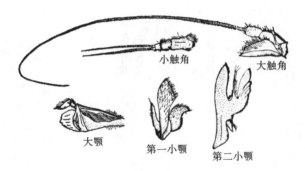

图 8-2 螯虾头部附肢

的水流。

（2）胸部附肢。螯虾共有 8 对胸部附肢（图 8-3）。

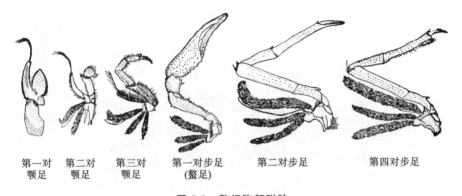

图 8-3 螯虾胸部附肢

颚足，3 对，第 7、8、9 节附肢。第一颚足外肢基部大，外肢基部有一薄片状肢鳃，末端细长，内肢细小。第二、三颚足分为 5 节，屈指状，内肢发达，外肢细长，足基部都有羽状的鳃。一对大颚、二对小颚和三对颚足均参与口器的形成。

步足，5 对，第 10～14 节附肢，原肢 2 节，外肢退化，内肢发达，分为 7 节，即底节、基节、座节、长节、腕节、掌节和指节。前 3 对步足前端为钳状，其余 2 对步足前端呈爪状。第一对步足的钳特别强大，称螯足。雄虾的第 5 对步足基部内侧各有一雄性生殖孔，雌虾的第 3 对步足基部内侧各有一雌性生殖孔。各步足基部都长有羽状鳃。

（3）腹部附肢。螯虾共有 6 对腹部附肢（图 8-4）。

游泳足，5 对，不发达，原肢 2 节。雄虾第一对腹肢变成管状交接器，为交配时输精之用；雌虾第一对腹肢细小，外肢退化，第 3、4、5 对腹肢形状相同，内、外肢细长而扁平，密生刚毛。雌虾第 2、3、4、5 对在生殖季节，可用来抱卵，故又称抱卵肢。

尾肢，1 对，腹部第六节上的附肢，内、外肢特别宽阔，呈叶片状，外肢比内肢大，有横沟，分成 2 节。尾足与尾节构成尾扇。

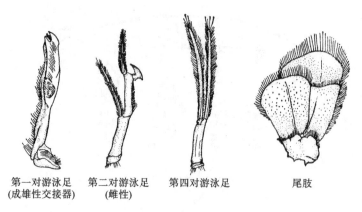

第一对游泳足　　第二对游泳足　　第四对游泳足　　尾肢
(成雄性交接器)　　(雌性)

图 8-4　螯虾腹部附肢

(二) 螯虾的内部结构

螯虾的内部结构如图 8-5 所示。

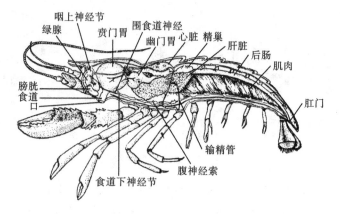

图 8-5　螯虾的内部结构

1. 呼吸系统

用剪刀剪去螯虾头胸甲的右侧鳃盖，即可看到位于鳃腔内的呼吸器官——鳃。结合已摘下的一侧附肢上鳃的着生情况，原位观察鳃腔内着生在第一颚足基部的肢鳃、第二颚足至第五步足基部的足鳃和体壁与附肢间关节膜上的关节鳃。

2. 肌肉

用镊子自螯虾头胸甲后缘至额剑处将头胸甲与其下面的器官剥离开，再用剪刀自头胸甲前部两侧到额剑后剪开并移去头胸甲。然后用剪刀自前向后，沿腹部两侧背板和侧板交界处剪开腹甲，用镊子略掀起背板，观察肌肉附着于外骨骼内的情况。最后小心地剥离背板和肌肉的联系，移去背板。

螯虾肌肉为横纹肌束，腹部特别发达。

3. 消化系统

螯虾的消化系统分为前肠、中肠和后肠 3 部分。

前肠包括口、食道和胃。口位于头端腹面口器之间,即开口于两大颚之间。紧接口后的是一短管状的食道。食道后为带有绿色斑点的囊状的胃,分为前部的贲门胃和后部较小的幽门胃。剪破贲门胃,胃壁上有3个钙质齿组成的胃磨;剪破幽门胃,内壁上有许多刚毛组成的滤器。胃的两侧有淡黄色的肝胰腺。

中肠很短,接于幽门胃后,后至腹前部,消化腺有管与之相通。中肠两侧有1对袋形肝脏,有肝管通中肠。

后肠细长而直,由腹部背面中线后行,直至尾节,末端呈球形部分为直肠,直肠通肛门,开口于尾节的腹面。

4. 循环系统

螯虾具开管式循环系统,包括心脏和动脉,血液无色。

在螯虾头胸部的后部可见到有一近方形的白色半透明的囊状结构即围心腔,小心地除去围心膜,可见到一个半透明、多角形的肌肉囊,为心脏。心脏上有3对心孔(背、腹和侧面各1对),来自出鳃动脉的血液进入围心腔后从心孔进入心脏。用镊子轻轻托起心脏,可见到从心脏发出7条动脉,细而透明。由心脏向前行5条动脉,即1条眼动脉、1对触角动脉和1对肝动脉;由心脏向后行1条腹上动脉;由心脏下行至腹面1条胸动脉。血液由这些动脉流入分支血管,输送到身体各部分及组织间隙的血窦中。

5. 排泄系统

排泄系统为触角腺或称绿腺,为位于头部食道之前、大触角基部的体壁内侧的1对扁圆形的结构,呈灰白色或暗绿色。用镊子小心地将圆球拨出,可见腺体通出一根细长的排泄管,基部膨大形成膀胱,通向触角基部内壁,开口在大触角的腹侧基部。

6. 生殖系统

螯虾为雌雄异体,生殖腺位于心脏下方。

在雌性螯虾心脏的前端与黄色絮状物(消化腺)之间,有两小块乳白色或淡褐色结构,内有许多颗粒状结构,此为卵巢的一部分。卵巢分3叶,前部2叶,后部1叶。除去心脏和围心膜后,分开黄色絮状物,露出呈"Y"形结构的卵巢。卵巢在发育过程中颜色可因卵粒的成熟度而变化,未成熟的卵呈乳白色,成熟的卵呈褐色。卵巢向两侧腹面发出1对短小的输卵管,开口于第3对步足基部内侧的雌性生殖孔。在第4、5对步足间的腹甲上,有一椭圆形突起,中有一纵行开口,内为空囊,即受精囊。

雄性螯虾具有精巢1对,位于围心窦腹面,白色,半透明,前部分离为2叶,后部合并为1叶。从精巢中部发出1对细长的输精管,其末端开口于第5对步足基部内侧的雄性生殖孔。

7. 神经系统

将螯虾身体两侧体壁剪去,在解剖镜下仔细去除肌肉,直至见到腹面体壁。在体壁中央有一条绿色的管状结构,为神经下动脉。用尖头镊小心拨动血管,可见在血管上面还有一条半透明的结构,即腹神经链。仔细分离神经下动脉和腹神经链,在腹神经链前端,食道的后方还有一个较大的食道下神经节。神经节之间由神经相连。食道下神经节向上通出两根围食道神经,与位于额剑基部内侧的脑神经节相连。自食道下神经,沿腹神经链向后剥离,可见链上有许多白色神经节,腹神经链由 11 个神经节组成,即 5 个胸神经节、6 个腹神经节。仔细分离,取出完整的中枢神经系统,置于培养皿的水中观察。

(三) 其他节肢动物类群

1. 河蟹

河蟹又称中华绒螯蟹,属于有鳃亚门、甲壳纲、软甲亚纲、十足目、爬行亚目、短尾类,在通海的河流、湖泊等淡水中生长,河口的海水中繁殖,现已成为养殖对象。身体由 20 节组成,包括头部 5 节,胸部 8 节,腹部 7 节,各节均有附肢 1 对。头部与胸部愈合为头胸甲。腹部扁平,转折于头胸甲腹面。雌性腹部为圆形,其上有附肢 4 对,双肢型,生有长毛,有附卵作用。雄性腹部近三角形,其上有附肢两对,单肢型,棒状。

2. 圆蜘蛛

圆蜘蛛属于有螯亚门、蛛形纲、蜘蛛目,为大形蜘蛛,常张网于屋檐。身体分为头胸部和腹部两部分,二者之间细缢成腰。头胸部有附肢 6 对,前两对为口器,后四对为步足。腹部卵圆形,不分节。

3. 蝎

蝎属于有螯亚门、蛛形纲、蝎目。身体褐色,可分为头胸部和腹部。头胸部短,具有头胸甲,有眼 3 对,附肢 6 对。腹部较长,又可分为宽大的前腹部及狭长的后腹部;腹部分节明显,末端膨大为尾刺,内有毒腺。

4. 蜱

蜱属于有螯亚门、蛛形纲、蜱螨目。体细小,椭圆形。头胸部与腹部完全愈合而不分节,具有 4 对步足。螯肢及脚须向体前端突出形成假头。

5. 鲎

鲎属于有螯亚门、肢口纲。体坚硬,形似瓢,分头胸部、腹部及尾剑 3 部分。头胸部呈马蹄形,背面隆起,腹面凹陷,不分节,有 6 对附肢;腹部略似六角形,两侧有活动的刺,也有 6 对附肢;呼吸器官为书鳃,位于后 5 对腹肢的外肢节内侧。

6. 蜈蚣

蜈蚣属于气管亚门、多足纲、唇足目。虫体分为头和躯干两部分,背腹扁平,常由 22 节组成。头部有由多数单眼组成的聚合眼 1 对,线状分节的触角 1 对,口器为三对附肢所组成。躯干部第一节有粗大而尖锐的颚肢 1 对,步行足自第 2 节开始每节 1 对;在第 3、5、8、10、12、14、16、18、20 等节上两侧有气孔。尾肢之下,末节的开孔为肛门;生殖孔位于体末端的下方。

7. 马陆

马陆属于气管亚门、多足纲。体呈圆筒形或背腹略扁平,可分为头部与躯干部。触角 1 对,细长。体节多,除前 4 节及末节外每一体节具有 2 对足。

【作业与思考题】

（1）绘螯虾的外形背面图。

（2）绘螯虾的附肢（小触角、大触角、上颚、第二下颚、第三颚足、第二步足、第三游泳足、尾足）图，简述螯虾附肢的组成及结构特点。

（3）通过实验，总结甲壳纲动物的主要特征，说明其在形态结构和生理特征上表现出的对水生生活的适应。

实验十一　蝗虫的外部形态和内部解剖

【目的与要求】

通过对蝗虫外部形态的观察及内部结构的解剖观察，掌握昆虫纲的主要特征及其与陆生生活相适应的特征。

【材料与用具】

（1）实验动物和材料：蝗虫的浸制标本。

初秋季节可在野外（草地、沼泽地等）利用昆虫网捕捉蝗虫。此时蝗虫已经达到性成熟，可以得到完整的生殖系统的标本。将采集到的蝗虫在密闭容器中用氯仿麻醉杀死，或用热水烫死，固定保存在70%乙醇（加少量甘油）或10%福尔马林溶液中，体型较大的个体需要在浸制前用针筒向腹腔内注射乙醇甘油混合液。

（2）器材和仪器：显微镜、解剖镜、解剖器、解剖盘、酒精灯等。

【方法与步骤】

（一）蝗虫的外部形态

棉蝗体形粗大，雌体比雄体大；体色青绿并有黄色斑纹；身体分头、胸、腹三部分；体表具有几丁质外骨骼。棉蝗的外部形态如图8-6所示。

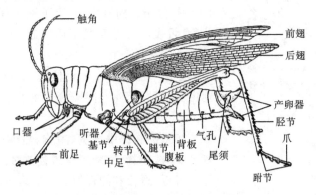

图8-6　棉蝗的外部形态（白江静波）

取下口器各部分时,用镊子夹住其基部,顺着生长方向拉下,以保持结构完整性。左手持蝗虫,腹面向上,拇指和食指夹紧其头部,右手持镊子从前向后依次将口器各部分取下,置于载玻片上,用放大镜观察。

1. 头部

蝗虫的头部呈卵圆形,由外骨骼愈合为一坚硬的头盖,其上的沟纹将头分为头顶、额、颊、唇基等部分。头部正前方是额,额的下方连一方形的唇基,额的上方为头顶,头顶之后为后头,头两侧为颊。

复眼1对,位于头顶两侧,卵圆形,棕褐色,用放大镜可见到眼面由许多六角形的单眼镶嵌而成。

单眼3个,一个位于头顶额部中央,另两个分别位于复眼内侧上方,呈倒三角形排列。

触角1对,位于头的前方、两复眼之间,丝状,由柄节(基部第一节)、梗节(第二节)和若干鞭节组成。

蝗虫的口器(图8-7)是咀嚼式口器,在头的下方,由上唇、上颚、下颚、下唇和舌5部分组成。上唇1片,是连于唇基下缘的片状结构,盖于上颚之上;上唇的内面即内唇,柔软而密生细毛。上颚(大颚)1对,位于颊部下方,黑褐色,强大而坚硬,分切齿部(具有长而尖的齿)和臼齿部(齿粗糙宽大),适于切断和咀嚼食物。下颚(小颚)1对,位于上颚的后下方、下唇前方,主要由内颚叶、外颚叶及一根具5节的下颚须组成。下颚有辅助咀嚼食物的作用。下唇1片,位于下颚后方,主要用于盛托食物。下唇基部为一个弯月形的后颏,后颏分为与头部相连的亚颏和其前方的颏,颏前端连接有能活动的前颏,前颏端部有1对瓣状的侧唇舌,侧唇舌之间有1对较小的中唇舌,前颏基部两侧有1对各具3节的下唇须。下唇有防止食物外漏的作用。舌1个,是位于口前腔中央、上下颚之间的椭圆形的囊状物,舌表面有毛和几丁质突起。舌有味觉和搅拌食物的作用。

上唇和舌为体壁的延伸物,上颚、下颚和下唇分别由头部第2~4对附肢演变而来。

2. 胸部

蝗虫的胸部由前胸、中胸、后胸3节组成,每节有足1对,中胸、后胸还有翅各1对。各节的外骨骼均由背板、腹板和侧板组成。前胸背板特别发达,向两侧和后方延伸,呈马鞍形,中央微隆起,有三条横浅沟缝,两侧向下延伸,覆盖虫体前胸侧区的绝大部

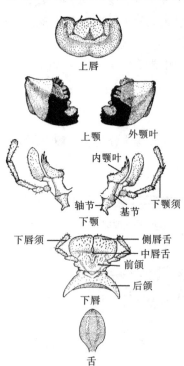

图 8-7　棉蝗的口器

分。中胸、后胸的背板被一些沟缝分为若干小骨片。侧板位于各节的左、右两侧。前胸侧板因被前胸背板挤压而变得很小，呈三角形，位于前胸背板侧壁的前下角。中胸、后胸侧板正常，每一侧板又由一侧沟分为前侧片和后侧片。腹板是位于各胸节腹面的外骨骼。前胸腹板很小，中央有一钩状突起，称腹板突。中胸、后胸腹板互相紧密连接，各自分为若干小骨片。

在前胸与中胸、中胸与后胸的侧板间各有1对气门。掀开背板可见前1对气门，后1对气门在中胸足的基部。

每个胸节有1对足，依次称为前足、中足和后足。前足、中足的腿节和胫节都细长，适于行走，称步行足；后足腿节肌肉发达，粗壮，适于跳跃，称跳跃足。每对足由基节、转节、腿节、胫节、跗节和前跗节组成。基节为足基部第一节，连在胸部侧板与腹板间；转节在基节之后，短而小；腿节位于转节之后，长而大；胫节在腿节之后，细而长，后缘具有锯齿状小齿；跗节都由3节组成，跗节下面有4个肉垫；前跗节位于跗节前端，它包括1对爪和1个中垫。

翅2对，位于中胸和后胸的背方，分别称为前翅和后翅。前翅革质，狭长；后翅膜质，翅大，有很多纵脉和横脉，停息时纵叠而藏于前翅下。

3. 腹部

蝗虫的腹部由11节腹节组成。各节的背板和腹板发达，侧板退化成侧膜，背板和腹板由侧膜相连。相邻的腹节常互相套叠，后一节的前缘套入前一节的后缘，因此虫体伸缩、弯曲灵活，可帮助呼吸和蜕皮。腹部有8对气门，分别位于第1~8节背板两侧下缘前方。半月形听器（鼓膜）位于第1腹节两侧、腹部第1对气门后方。

（1）雌性蝗虫。雌性蝗虫第1腹节与后胸相连，不能活动，第1~8节形态结构相似，第9、10腹节的背板狭小，互相连接，第11腹节背板呈三角形，位于肛门上方，为肛上板；第10节背板后缘两侧各有一肛侧板。在肛上板与肛侧板之间，左、右各有1小突起，称为尾须。这三部分将肛门包围，合称肛节。肛侧板后有1对背产卵瓣和1对腹产卵瓣，位于第8腹板后（第8腹板长，其末端的剑状突起称为导卵器），两者构成产卵器。背腹瓣间有一叉状突起，称为内产卵瓣（棉蝗的极不发达）。

（2）雄性蝗虫。雄性蝗虫的第9、10腹板互相愈合，末端尖、向上翅的即生殖下板，将其下压，可见其基部包盖着阴茎及1对钩状抱雌器，即外生殖器。除尾须较雌性蝗虫的小外，其他基本与雌性的相同。

（二）蝗虫的内部结构

在观察外部形态后，剪去蝗虫的足和前、后翅，沿着蝗虫体侧的腹部气门上方，由体后端向前剪至前胸背板前缘，另一侧以同样方法剪开。剪时剪刀头应尽量向上，避免损坏内脏。揭下背壁前，先用解剖针仔细剥离下面的组织。胸部肌肉层很厚，要把肌肉剪断。去除头壳的肌肉时，注意勿损伤脑。用镊子仔细地将背面的体壁由前向后揭开。剪断腹部背面最末节的节间膜，取下背部体壁供观察背血管用。将虫体放在小蜡盘（也可用培养皿代替）中，加清水，使内脏器官漂浮在水中，以便于观察。

在进行小型动物解剖时,要遵循以下原则:需观察和分离的结构不能用镊子等工具直接捏取,以免损伤,可钳住非目的物结构如气管、脂肪体等轻轻抽动,或在结构之间进行分离,以保证解剖结构的完整性。细小结构可用滴管吸水,借助水流的冲击力进行分离。

在观察呼吸系统和生殖系统后,用尖头镊子沿食道插向口腔,钳住食道小心地将消化道拔出,再分离与消化道贴附的气管,逐段将消化道与体腔分离。剪断第8~9节腹板的节间膜,将消化道移入盛有清水的培养皿内,观察生殖系统和消化系统。

腹面体壁留下待观察神经系统。

棉蝗的内部结构如图8-8所示。

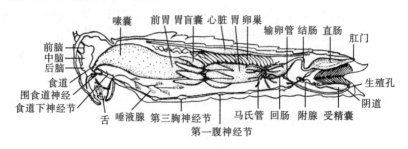

图8-8 棉蝗的内部结构

1. 呼吸系统

蝗虫的呼吸系统由气门和气管组成。

气门共10对,各气门有能够开闭的气门瓣,通过气管与体外相通。揭去体壁时,可见许多分支的白色小管,分布在各器官、组织上,此即气管。体内有3对纵行的气管主干,即背纵干、腹纵干和侧纵干。各纵干之间有横走的气管相连成网状,气管多次分支后深入全身各部位,在腹部两侧的部分气管膨大成囊状,即气囊。侧纵干与气门相通。

2. 循环系统

蝗虫的循环系统简单,为开管式循环系统,包括心脏、大动脉和血体腔三部分。

将腹部背板中线处的体壁剪下,观察其内壁(一般都贴在体壁上),可见中央有一细长的管状结构,即心脏。长管状心脏后端封闭,位于腹部消化道背面的围心窦内,由翼状肌悬挂在背壁上。心脏分为8个室,按节排列,略膨大,每室有1对心孔,心孔间有瓣膜。由心脏向前行至头部的血管为大动脉,前端开口通血体腔。整个体腔由背面的背隔和腹面的腹隔分隔成三部分,在背隔之上的部分称为背血窦,腹隔之下的体腔称为腹血窦,背、腹隔之间的体腔称为围脏窦。

3. 生殖系统

蝗虫为雌雄异体、异形。

(1)雌性生殖器官。雌性生殖器官包括卵巢、输卵管、副性腺和受精囊。

卵巢1对,位于腹部,中肠和后肠的背面,由许多卵巢管构成,由一条细长透明的鞭状悬韧带悬挂于体腔。输卵管1对，纵行于卵巢两侧，与卵巢管相连，此处的输卵管称为卵萼；两输卵管绕过消化管至第七腹节处汇合而成总输卵管，末端连膨大的阴道，最后通生殖孔开口于腹产卵瓣之间。副性腺1对，为位于卵萼前端弯曲的管状腺体。在阴道的背方，有一小管（与阴道相通）称为受精囊管，管的末端为蚕豆形的受精囊，包埋在产卵瓣肌肉中间。

（2）雄性生殖器官。雄性生殖器官包括精巢、输精管、射精管、阴茎、副性腺和储精囊。

精巢1对，由许多精巢小管集合而成，位于腹部消化管背方，左、右各1个，二者紧紧合在一起，前端有一透明的韧带，以固定精巢的位置。输精管1对，由精巢腹面两侧通出，后行绕过直肠，达第7腹板处两相汇合成单一的射精管，然后折向背方，穿过生殖下板的肌肉，成为阴茎，开口在生殖下板的背面。副性腺1对，为由射精管基部向左、右分出的两丛小盲管。储精囊1对，为由射精管基部分出两条乳白色细管末端封闭略膨大的囊状结构。

4. 消化系统

蝗虫的消化系统分为消化道和消化腺两部分。消化道又分为前肠、中肠、后肠三部分。

前肠包括口腔（口器之内的空腔）、咽（口器后的肌肉质较厚的一小短管）、食道、嗉囊（食道后端膨大呈囊状的部分）和前胃（嗉囊之后，比嗉囊略细的一段粗管，内壁具有几丁质齿）。

中肠即胃，紧接前胃，较粗，在与前胃交界处向外突出6对指状胃盲囊。每对胃盲囊包括向前伸和向后伸的两部分，中肠比前胃长，末端终止于马氏管长出处。

后肠分大肠（回肠）、小肠（结肠）和直肠三部分。大肠为肠的前部膨大部分，小肠为肠逐步较细小的部分，小肠之后较膨大部分为直肠，直肠末端通肛门，肛门开口在肛上板之下。

消化腺为1对唾液腺，位于胸腔腹面两侧，黄白色葡萄状，各有一细的唾液管在前端汇合后通至舌的基部。

5. 排泄系统

蝗虫的排泄器官是马氏管，位于中肠和后肠交界处的肠腔，是由后肠向体壁突出的盲管丛，浅黄色丝状，一端游离于体壁中，互相缠绕，不易分离，约有100条。

6. 神经系统

用眼科剪沿蝗虫的复眼周围至触角下缘，在额区中线略偏左侧剪至口器（注意保留复眼、单眼和触角），用镊子小心地将头部外骨骼和肌肉除去，然后在食道处剪断，将消化管拿掉（注意不要将腹神经链带走）。

蝗虫的脑包括前脑、中脑、后脑三部分，位于两复眼之间，去掉两复眼之间的头壳和壳内肌肉即可见淡黄色块状物。由脑两侧各发出一条神经即围食道神经，绕过食道，在食道下方与食道下神经节相连。将消化道移向一旁，撕破腹隔，可见腹板中央线上2条神经索,向前接食道下神经节,向后到达体末端,此即腹神经索。腹神经索在胸部有3个神经节,腹部有5个神经节,各神经节通出分支到达身体各部。

【作业与思考题】

(1)绘蝗虫内部结构原位观察图,示消化系统、排泄系统和生殖系统,并标注名称。

(2)比较螯虾与蝗虫的内部结构的异同,并分析其意义。

实验十二 昆虫的分类

【目的与要求】

(1)从口器、触角、翅、足和发育的变态类型等形态和功能的多样性,理解结构和机能的统一,以及昆虫具有广泛的适应性。

(2)掌握使用昆虫(成虫)分类检索表鉴定昆虫的方法。

(3)认识昆虫纲重要目的代表种类和本地区的一些习见种类。

【材料与用具】

(1)实验动物和材料:昆虫口器、触角、翅、足等的干制标本,各种类型的昆虫生活史标本,昆虫的干制标本,或同学自己采集的活标本。

(2)器材和仪器:放大镜、解剖镜、镊子等。

【方法与步骤】

(一)昆虫口器的类型

昆虫食性的多样性决定了其口器的结构的不同。根据取食方式的不同,可将口器分为以下类型(图8-9)。

1. 咀嚼式口器

咀嚼式口器如蝗虫、蜚蠊的口器,包括上唇、上颚、下颚、下唇和舌。

上唇1片,为口器的最前方,与唇基相连,内壁柔软,密生细毛。上颚1对,在上唇的内方,坚硬,呈褐色,上颚的内缘有齿状突起,适于切断和咀嚼食物。下颚1对,在上颚的后方,由5部分组成,最基部为轴节,其次为茎节,顶端内侧有齿部分为内颚叶,外侧扁平部分为外颚叶,最外侧是由5节组成的下颚须;下颚有辅助咀嚼食物的作用。下唇位于下颚后方,为一愈合结构。下唇基部为弯月形的后颏,其前中部两大骨片为前颏。前颏的前端部,左右两侧有1对宽阔的侧唇舌,在两侧唇舌之间有2片小的中唇舌。前、后颏之间有1对下唇须。下唇有防止食物外露的作用。舌是位于上、下颚与上、下唇之间的附着在口腔底壁的一条狭长突起,舌壁上有几丁质的齿。舌有味觉和搅拌食物的作用。

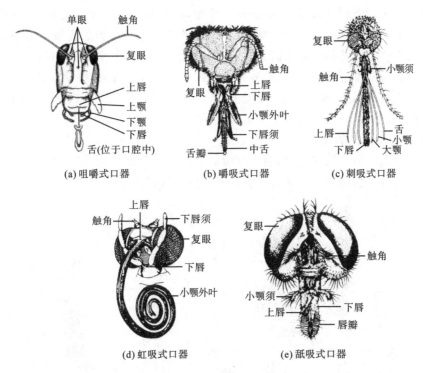

图8-9 昆虫口器的类型

2. 嚼吸式口器

嚼吸式口器如蜜蜂的口器,此类型口器的作用是既能咀嚼固体食物,又能吮吸液体食物。其结构是上颚1对,用于咀嚼花粉;下颚和下唇组成吮吸用的喙,下颚位于下唇两侧,发达的外颚叶刀片状;下唇位于下颚中央,有1对下唇须、两侧唇舌和一中唇舌。整个口器除上颚能咀嚼外,中唇舌、下颚外叶和下唇须合拢成能吸食花蜜的食物管,不用时各部分可分开。

3. 刺吸式口器

刺吸式口器如蝽象、雌蚊的口器,此种口器适于吸取植物汁液和人畜的血液。口器各部分延长呈细针状,其中上唇、上颚、下颚和舌形成6条用于穿刺和吮吸的口针,由下唇延长成的外鞘把所有的口针包起来形成喙。

4. 虹吸式口器

鳞翅目昆虫(蝶和蛾)成虫的口器属此种类型,高度特化。上颚和舌完全退化,下唇退化,只有下唇须,上唇为一块横于唇基下面的横片,下颚外叶特别长,左右合成能卷曲的管状喙,喙中间有食物道。虹吸式口器的喙不能刺入组织,只能吸取花蜜的汁液。喙平时像钟表发条似的盘曲在头部下方。

5. 舐吸式口器

双翅目蝇类(家蝇、花蝇、食蚜蝇)的口器属此类型。上颚和下颚大部分退化,仅留1对下颚须。下唇延长成喙,前壁具有喙槽,喙前端有宽阔发达的唇瓣,唇瓣上有许多伪气管。上唇和舌合成食物管,位于下唇的喙槽内。口器的唇瓣以毛细作用吸取液汁进入食物管,同时,舌中的唾液经唇瓣流出,食物由唾液溶解后再被吸入。

依据在头部着生的部位,口器分为前口式口器、下口式口器和后口式口器。前口式口器位于头部前方,如步行虫、蝶类的口器;下口式口器位于头部下方,如蝗虫、蜜蜂、家蝇的口器;后口式口器位于头部后方,如蝉、蝽象的口器。

(二) 昆虫触角的类型

昆虫触角由多节组成,基部第1节为柄节,稍大,紧贴头壳;第2节为梗节;其余各节统称鞭节。触角主要根据鞭节变化成各种形状,有以下不同的类型(图8-10)。

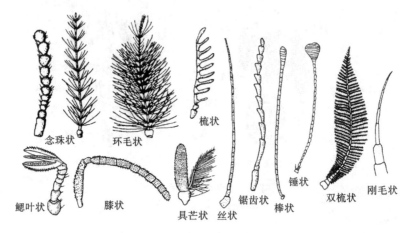

图 8-10 昆虫触角的类型

1. **丝状**

触角细长,除基部1、2节略大外,其余各节大小、形状相似,逐渐向端部缩小。如蝗虫、蜚蠊、螳螂的触角。

2. **刚毛状**

触角很短,基部1、2节较大,鞭节纤细短小似刚毛。如蜻蜓、蝉的触角。

3. **念珠状**

鞭节由近似圆珠形的小节组成,大小一致,像一串念珠。如白蚁、地鳖虫的触角。

4. **锯齿状**

鞭节各节一侧延长成短的突出,形似一锯条,如叩头虫、芫菁的触角。

5. **膝状或肘状**

柄节长而直,梗节短小,鞭节各节相似,在柄节和梗节之间成膝状弯曲。如蜜蜂、象鼻虫的触角。

6. **栉齿状或梳状**

触角鞭节各节一侧或两侧具有突出的长枝,形似一梳子。如雄性绿豆象、天蚕蛾的触角。

7. 羽状
鞭节各节向两侧突出很长,形似羽毛。如多数蛾类雌虫、雄蚊的触角。

8. 鳃叶状
端部数节向一侧延展成薄片状,叠合在一起,形似鱼鳃。如金龟子的触角。

9. 棒状或球杆状
触角细长,鞭节基部各节细长如杆,端部数节膨大呈纺锤形。如蝶类的触角。

10. 环毛状
除基部两节外,其余各节都具有一圈细毛,近基部的毛较长。如雄蚊、摇蚊的触角。

11. 锤状
类似棒状,但端部数节突然膨大成锤。如露尾甲、郭公甲的触角。

12. 具芒状
触角粗短,鞭节只1节,并比柄节、梗节粗大,其上有一根刚毛状或芒状的触角芒。如蝇类的触角。

(三) 昆虫足的类型

昆虫的足由于适应不同的生活环境和生活方式,特化成许多功能不同的结构,主要有以下几种类型(图8-11)。

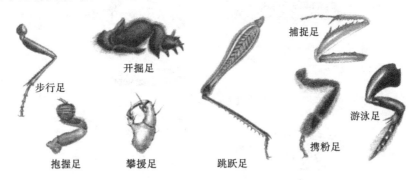

图 8-11　昆虫足的类型

1. 步行足
昆虫中最普通的一种足,各节细长适中,适于行走。如蜻象、叶甲的足。

2. 跳跃足
一般由后足特化而成,腿节特别膨大,肌肉发达,善于跳跃。如蝗虫、蟋蟀的后足。

3. 游泳足
生活于水中的昆虫,后足常特化成桨状构造,胫节和跗节较扁平,边缘有长毛。如龙虱、负子蝽的后足。

4. 捕捉足

由前足特化而成,基节延长,腿节的腹面有槽,胫节边缘具有刺,并可折嵌入腿节的槽内,用以捕捉猎物。如螳螂的前足。

5. 开掘足

一般由前足特化而成,胫节、腿节和跗节宽扁,胫节和跗节侧缘有坚硬的齿,适于掘土。如蝼蛄的前足。

6. 携粉足

由后足特化而成,胫节宽扁,胫节两侧和跗节的第 1 节内面有长毛,构成可携带花粉的花粉篮。如蜜蜂的后足。

7. 攀援足

胫节和跗节间有缺刻,胫节一部分与跗节和爪合抱,适于毛发间的运动。如虱的足。

8. 停息足

各足大小相似,各节细瘦,不适于行走,用于停息。如蚊的足。

(四) 昆虫翅的类型

昆虫翅的类型如图 8-12 所示。

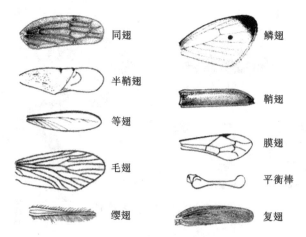

图 8-12 昆虫翅的类型

1. 膜翅

翅膜质,薄而透明,翅脉明显。如蜜蜂、蜻蜓的前、后翅。

2. 复翅

翅质较韧如皮革,半透明。如蝗虫的前翅。

3. 鞘翅

前翅厚而坚硬,角质化,不用于飞行,用来保护背部和后翅。如甲虫类的前翅。

4. 半鞘翅

前翅基部为革质,端部为膜质,有翅脉。如蝽象类的前翅。

5. 鳞翅

翅蜡质,翅上有各色鳞片。如蝶、蛾类的翅。

6. 毛翅

翅膜质,翅上被覆许多毛。如石蛾的翅。

7. 缨翅

翅膜质,翅的周缘着生许多长的缨状毛。如蓟马类的翅。

8. 等翅

翅膜质,狭长,常超出腹末端,前、后翅相似且等长,如白蚁。

9. 同翅

前翅质地均一,膜翅或革质,如蜡蝉。

10. 平衡棒

有的昆虫的后翅(或前翅)退化成棒状(或小片),起平衡的作用。如蚊、蝇的后翅。

(五) 昆虫的变态

从卵孵化开始到成虫昆虫在形态上要经过一定的变化,这种形态上的变化即变态,是昆虫最具有特征的现象。最常见的变态有以下几种类型。

1. 渐变态

幼虫和成虫的形态和生活习性都差不多,幼虫的翅发育不完全,生殖器官还未成熟,这类幼虫称为若虫。生活史要经过卵、若虫、成虫三个阶段,如蝗虫。

2. 半变态

幼虫和成虫的形态和生活习性都不相同,幼虫水生,成虫陆生,这类幼虫称为稚虫。生活史要经过卵、稚虫、成虫三个阶段,如蜻蜓等。

3. 完全变态

生活史要经过卵、幼虫、不食不动的蛹期和成虫四个阶段,如蜜蜂、家蚕等。

(六) 检索表的使用方法

分类学上鉴定物种通常采用检索表的方式。检索表的编制,是在同一个分类单元下的各个次级分类单元(如科下的属、属下的种等)的性状中,选出彼此相异而又易于识别的性状,写成条文,两两对应的排列起来。使用检索表时,要结合自己所了解的分类单元,在检索表中查看其性状究竟符合于两两对列的条文中的哪一条。如果条文的后边有分类单位(如属、种等)的名称,那么检索就到此结束。如果条文的后边没有分类单位的名称,而是一个号码,那么就要找出这个号码的条文,继续顺序往下检索,以便最后查出所拟了解的分类单位的名称。

所列的大类(属及属以上)的检索有时是有困难的。因为一个大类所包括的种类,虽有共同的性状,但这些性状有一定的变异性,甚至还有个别的特殊变异,不可能都完全包括在检索表内,因此为了减少和避免错误,在使用检索表时,应尽可能在检索出种类后与分类记述或已经可靠鉴定过的标本核对,必要时必须查考专门的分类论著。

分类上常用的检索表为双项式,又称并列式,如昆虫(成虫)分目检索表中列有1、2、3等数字,在每个数字后并列有两条相对的特征。每条特征后标注有数字,如果检索到所属的目,则特征后是该目的名称。在检索昆虫时,先从第1项特征查起,若特征符合,即看其后的数字,找到数字指示的条目再查下去;若所列特征与所检索的昆虫特征不符,需找与之相对的特征。依此类推,直至查到为止。

附

昆虫(成虫)分目检索表

1	无翅,或翅极退化	2
	有翅2对或1对	23
2	无足,似幼虫,头胸部愈合,内寄生于膜翅目(蜂、蚁)、同翅目(叶蝉、飞虱)及直翅目等昆虫体内,仅头胸露出寄主腹节外	捻翅目(Strepsiptera)
	有足,头和胸部不愈合,非寄生性	3
3	腹部除生殖器和尾须外有其他附肢	4
	腹部除生殖器和尾须外无其他附肢	7
4	无触角,腹部共12节,第1~3节各有1对短小的附肢	原尾目(Protura)
	有触角,腹部最多不超过11节	5
5	腹部只有6节或更少节,第1腹节有1腹管,第3腹节有1握器,第4或第5腹节有1分叉的弹器	弹尾目(Collembola)
	腹部多于6节,无上述3对附肢,但有成对的刺突或泡状附肢	6
6	有1对长而分节的尾须或坚硬而不分节的尾铗,无复眼	双尾目(Diplura)
	除1对尾须外还有一条长而分节的中尾丝,有复眼	缨尾目(Thysanura)
7	口器为咀嚼式	8
	口器为刺吸式或舐吸式、虹吸式	18
8	腹部末端有一对尾须(或称尾铗)	9
	腹部无尾须	15
9	尾须呈坚硬不分节的铗状	革翅目(Dermaptera)
	尾须不呈铗状	10
10	前足跗节特别膨大,能纺织	纺足目(Embioptera)
	前足跗节不特别膨大,也不能纺织	11
11	前足为捕捉足	螳螂目(Mantodea)
	前足非捕捉足	12
12	后足为跳跃足	直翅目(Orthoptera)
	后足非跳跃足	13
13	体扁平,卵圆形,前胸背板很大,常盖住头的全部	蜚蠊目(Blattoptera)

	体非卵圆形,头部不为前胸背板所盖 ···	14
14	体细长似杆状 ··· 竹节虫目(Phasmida)	
	体非细长杆状,为社会性昆虫 ································· 等翅目(Isoptera)	
15	跗节3节以下 ··	16
	跗节4节或5节 ··	17
16	触角3~5节,外寄生于鸟类或兽类体上 ················ 食毛目(Mallophaga)	
	触角13~15节,非寄生性 ·································· 啮虫目(Corrodentia)	
17	腹部第1节并入后胸,第1节和第2节之间紧缩或呈柄状	
	·· 膜翅目(Hymenoptera)	
	腹部第1节不并入后胸,也不紧缩 ····················· 鞘翅目(Coleoptera)	
18	体密被鳞片或密生鳞片,口器为虹吸式 ··············· 鳞翅目(Lepidoptera)	
	体无鳞片,口器为刺吸式、舐吸式或退化 ·································	19
19	跗节5节 ···	20
	跗节3节以下 ··	21
20	体左右侧偏 ·· 蚤目(Siphonaptera)	
	体不侧偏 ·· 双翅目(Diptera)	
21	跗节端部有伸缩的泡,爪很小 ···························· 缨翅目(Thysanoptera)	
	跗节端部无伸缩的泡 ··	22
22	足具1爪,适于攀附在毛发上,外寄生于哺乳动物体上 ········ 虱目(Anoplura)	
	足具2爪,如具1爪则寄生于植物,极不活泼或固定不动,体呈球状、介壳状等, 常被有蜡质、胶质等分泌物 ································· 半翅目(Hemiptera)	
23	有1对翅 ···	24
	有2对翅 ···	32
24	前翅或后翅特化为平衡棒 ···	25
	无平衡棒 ··	27
25	前翅形成平衡棒,后翅很大 ····························· 捻翅目(Strepsiptera)	
	后翅形成平衡棒,前翅很大 ··	26
26	跗节5节 ··· 双翅目(Diptera)	
	跗节仅1节(雄介壳虫) ································· 同翅目(Homoptera)	
27	腹部末端有1对尾须 ···	28
	腹部末端无尾须 ···	30
28	尾须细长而分成许多节(或还有1条相似的中尾丝),翅竖立背上	
	·· 蜉蝣目(Ephemerida)	
	尾须不分节,多短小,翅平覆背上 ···	29
29	跗节5节,后足非跳跃足,体细长,如杆状或扁平如叶状	
	·· 竹节虫目(Phasmida)	

	跗节 4 节以下,后足为跳跃足 ………………………………… 直翅目(Orthoptera)
30	前翅角质,口器为咀嚼式 ………………………………………… 鞘翅目(Coleoptera)
	前翅膜质,口器非咀嚼式 ……………………………………………………………… 31
31	翅上有鳞片 ………………………………………………………… 鳞翅目(Lepidoptera)
	翅上无鳞片 ………………………………………………………… 缨翅目(Thysanoptera)
32	前翅全部或部分较厚,为角质或革质,后翅为膜质 ……………………………… 33
	前翅与后翅均为膜质 ………………………………………………………………… 40
33	前翅基半部为角质或革质,端半部为膜质 ………………… 半翅目(Hemiptera)
	前翅基部与端部质地相同,或某部分较厚,但不如上述 ……………………… 34
34	口器为刺吸式 ………………………………………………………… 同翅目(Homoptera)
	口器为咀嚼式 ………………………………………………………………………… 35
35	前翅有翅脉 …………………………………………………………………………… 36
	前翅无翅脉 …………………………………………………………………………… 39
36	跗节 4 节以下,后足为跳跃足或前足为开掘足 …………… 直翅目(Orthoptera)
	跗节 5 节,后足与前足不如上述 …………………………………………………… 37
37	前足为捕捉足 ………………………………………………………… 螳螂目(Mantodea)
	前足非捕捉足 ………………………………………………………………………… 38
38	前胸背板很大,常盖住头的全部或大部 ………………… 蜚蠊目(Blattoptera)
	前胸背板不很大,头部外露,体如杆状或叶片状 ………… 竹节虫目(Phasmida)
39	腹部末节有 1 对尾铗,前翅很小,绝不能盖住腹部中部 革翅目(Dermaptera)
	腹部末端无尾铗,前翅一般较长,盖住大部分或全部 …… 鞘翅目(Coleoptera)
40	翅面全部或部分被有鳞片,口器为虹吸式或退化 ……… 鳞翅目(Lepidoptera)
	翅上无鳞片,口器非虹吸式 ………………………………………………………… 41
41	口器为刺吸式 ………………………………………………………………………… 42
	口器为咀嚼式、嚼吸式或退化 ……………………………………………………… 44
42	下唇形成分节的喙,翅缘无长毛 …………………………………………………… 43
	无分节的喙,翅极狭长,翅缘有缨状长毛 ………………… 缨翅目(Thysanoptera)
43	喙自头的前方突出 …………………………………………………… 半翅目(Hemiptera)
	喙自头的后方突出 …………………………………………………… 同翅目(Homoptera)
44	触角极短小而不显著,刚毛状 ……………………………………………………… 45
	触角长而显著,非刚毛状 …………………………………………………………… 46
45	腹部末端有 1 对细长而分节的尾须(或还有 1 条相似的中尾丝),后翅很小…… ………………………………………………………………… 蜉蝣目(Ephemerida)
	尾须短小且不分节,后翅与前翅大小相似 ………………… 蜻蜓目(Odonata)
46	头部向下延伸呈喙状 ………………………………………………… 长翅目(Mecoptera)
	头部不延伸呈喙状 …………………………………………………………………… 47

47	前足第1跗节特别膨大,能纺丝 ……………………………	纺足目(Embioptera)
	前足第1跗节不特别膨大,也不能纺丝 ……………………	48
48	前、后翅几乎相等,翅基部各有1条肩缝(翅沿此缝脱落)……	等翅目(Isoptera)
	前、后翅相似或相差很大,但无缝线 ………………………	49
49	后翅前缘有一排小的翅钩列,用以和前翅后缘相勾连…………………………………………………………	膜翅目(Hymenoptera)
	后翅前缘无翅钩列 …………………………………………	50
50	跗节2~3节 …………………………………………………	51
	跗节5节 ……………………………………………………	52
51	前胸很大,腹的端部有1对尾须 ……………………………	襀翅目(Plecoptera)
	前胸很小,如颈状,无尾须 …………………………………	啮虫目(Corrodentia)
52	翅面密被明显的毛,口器(上颚)退化 ………………………	毛翅目(Trichoptera)
	翅面上无明显的毛,有毛侧生在翅脉与翅缘上,口器(上颚)发达 ……………	53
53	后翅基部宽于前翅,有发达的臀区,休息时后翅臀区折起。头为前口式………………………………………………	广翅目(Megaloptera)
	后翅基部不宽于前翅,无发达的臀区,休息时后翅臀区也不折起。头为下口式 ………………………………………	54
54	头部长,前胸圆筒状,也很长,前足正常。雌虫有伸向后方的针状产卵器………………………………………………	蛇蛉目(Raphidioptera)
	头部短,前胸一般不长,如很长时则前足为捕捉足。雌虫一般无针状产卵器,如有则弯在背上向前伸出 …………………………………………………	脉翅目(Neuroptera)

【作业与思考题】

(1) 将实验提供的昆虫标本检索到目,并写出检索过程以及检索时所依据的主要形态特征。根据自己鉴定的昆虫,编制一个简单的昆虫纲各目检索表(包括实验中检索的目)。

(2) 绘制昆虫口器、触角、翅、足的类型图,并注明各结构的名称。

(3) 从昆虫口器、足、翅、触角、形态、功能的多样性,理解昆虫纲的动物为什么会成为动物界中分布广、种类繁多、最大的一个类群。

【案例研究】

天堂寨昆虫资源的调查

天堂寨海拔1 729.13 m,位于湖北罗田、英山和安徽省金寨三县交界处,处于北纬31°,东经115°。常年降雨量为1 350 mm,平均气温为16.4 ℃。天堂寨属北亚热带温暖湿润季节气候,具有典型的山地气候特征,气候温和,雨量充沛,温光同季,雨热同期。天堂寨空气清新,气候宜人,山岳风光独特,尤以罗田最佳。

天堂寨独特的地理位置决定了它与热带和亚热带气候有密切的联系,又与暖温带、温带和寒带气候不可分割,因此东西南北的动、植物都汇集到这里,安家落户,繁衍生息。天堂寨现有野生植物1 487种,动物634种。不仅有热带雨林的雀梅藤,也有寒温带的桦木。天堂寨境内高等植物1 881种,其中包括兰果树、香果树、领春木、三尖杉、连香树、天目木姜子、鹅掌楸等40余种珍稀植物。为了保护珍稀、濒危的植物,目前已有26种植物编入了国家的红皮书,还有白马鼠尾草、白马苔草等被录入世界珍稀物种名目中。天堂寨境内有脊椎动物近300种,其中包括金钱豹、香獐、黑麂、娃娃鱼、小灵猫、白颈长尾雉、豪猪等20余种珍稀动物。天堂寨植物群落所显示出来的万物兴荣的景象背后还有不少未知的秘密。比如,囊瓣芹在国外只见于日本和朝鲜,而在中国仅见于天堂寨。出生在古北大陆的天女花,却出现在淮阳古陆(早于秦岭、祁连山、昆仑山18亿年形成)的天堂寨。此外,天堂寨北坡的植物理论上应该少于南坡的,而实际上恰恰相反。太多的疑问,太多的不解有待揭示。

昆虫是一类重要的生物类群,甚至有学者认为昆虫主宰着全球的生物多样性。昆虫多样性是生物多样性的重要组成部分,它在维护生态平衡、生物防治、农作物传粉、医药保健及作为轻工原料等方面起着重要作用。

湖北大别山国家森林公园天堂寨风景区素有"中国七大基因库之一"的美誉,是最具代表性的自然生态系统区域,是自然资源保护和生态环境建设的综合示范区。虽然不少学者对该地区的动、植物资源进行过调查,但都未对其昆虫进行系统调查,也没有对昆虫进行生物多样性分析,因此,对于该地区昆虫的种类、数量、分布还不十分清楚,更不用说昆虫在这独特生态系统中的作用和地位。对天堂寨昆虫资源的系统调查以及对昆虫多样性的研究,对于湖北大别山国家森林公园生物多样性的研究、保护及其发展具有重要意义。

【目的与要求】

(1) 通过本实验,能够合理设计昆虫资源的调查方案。

(2) 掌握调查方法和昆虫资源多样性的统计分析方法。

(3) 能够根据昆虫资源的调查数据撰写调查报告,明确天堂寨昆虫资源状况和特点,并对影响天堂寨昆虫资源状况的因素进行分析。

【材料与用具】

(1) 采集用具及野外用品:索尼 DSC-N210 专业照相机、GPS 和录摄像机、电子数显游标卡尺、温度计、湿度计、气压计、数码拍摄望远镜、电子天平、水网(网口直径约30 cm,网深45~50 cm,网柄1~2 m)、标本箱(口径较大且带盖的方形或长方形的塑料桶)、采集网、采集管、采集箱、铁铲、手电筒、电池、防护手套、塑料袋、蛇叉、毫米纸、布袋、pH试纸、解剖盘、解剖器械(解剖刀、剪、大头针、镊及针等)、大广口瓶(50~250 mL)、棉布标签、记录本、纱布、脱脂棉、胶布、塑料袋、木板、矿泉水瓶、量筒、量杯、试管、玻璃棒、烧杯、塑料桶、标本缸、记录本、圆珠笔、吸水纸、注射器、卷尺、雨衣、长胶鞋、针、线、尼龙绳。

(2) 试剂和药品：乙醇，甲醛，乙醚，肥皂，蛇药，松节油，防治感冒、腹泻和疟疾等的内服药品以及治疗眼疾与外伤的药品。

【方法与步骤】

(一) 样本的采集和鉴定

调查方法采用样线法进行。

天堂寨地形复杂，生境多样，物种较丰富。为了尽可能地使调查线路覆盖整个区域，制定考察线路的原则是：以核心区为重点进行详细调查，且布线较密；各种生境如山脚、山脊、山顶、山坡、河谷等均应布线调查，尽量做到不遗漏特殊生境。

白天沿小路进行路线踏查，用网捕、振落等方法定点系统采集，晚上采用灯光诱集等方法进行昆虫种类普查，采用系统分类方法进行分类鉴定，记录调查到的昆虫种类。

1. 采集方法

(1) 网捕法：对空中飞翔的、树木和草上落下休息的昆虫进行网捕，将捕到的昆虫（鳞翅目除外）放入预先制作好的毒瓶内杀死，在采到的鳞翅目昆虫的胸部用适当的力度捏一下，使之不能飞后放入预先做好的三角袋中。所采到的标本带回实验室进行制作、鉴定。

(2) 实地观察法：飞翔中的蝴蝶、蜻蜓等较大型的常见的昆虫往往很难捕获，因此根据观察到的特征进行鉴定，记录所见到的种类。

(3) 夜间灯诱法：晚上在灯下捕捉一些趋光性的昆虫，处理方法如网捕法。

(4) 捞网法：用水网在水域中捞取生活在水中的昆虫，将其放入75%～80%的乙醇中，带回实验室制作、鉴定。

(5) 土壤收集法：对于土壤中生活的昆虫，用土壤昆虫采集器进行收集。收集土壤后，将采集到的昆虫标本迅速杀死后，带回实验室进行制作、整理、烤干、鉴定。

2. 鉴定

借助昆虫图谱及聘请专家对所采集的昆虫标本进行分类鉴定，并做统计分析，同时汇总标本室内历年实习所采集的标本，统计天堂寨昆虫资源的种类和数量。

(二) 结果与分析

1. 天堂寨昆虫资源的多样性

(1) 根据分类结果，制作天堂寨昆虫资源名录。

(2) 统计天堂寨昆虫资源的种类及数量。

2. 天堂寨昆虫资源的特点

(1) 优势种群丰富度。

(2) 天堂寨不同昆虫官能团组成。

(3) 有益昆虫种群和有害昆虫种群。

(4) 天堂寨昆虫资源水平分布。

(5) 天堂寨昆虫资源垂直分布。

3. 天堂寨昆虫资源状况与天堂寨自然环境关系分析

请根据调查获得的天堂寨昆虫资源数据,结合天堂寨自然环境和旅游开发状况,分析天堂寨昆虫资源现状。

(三) 注意事项

(1) 天堂寨地形复杂,因此在调查过程中要注意安全,防止摔伤和被毒虫咬伤等。

(2) 昆虫的收集以及标本制作和鉴定要仔细小心,严格按照要求,尽量减少对标本的损伤。

(3) 分类要仔细,对于不确定的昆虫物种要寻求专家的帮助。

(4) 调查方案设计应合理全面,以免调查结果存在偏差。

【思考与拓展】

(1) 对于区域性昆虫资源的调查,设计方案时应该具体考虑什么问题?

(2) 分析天堂寨代表昆虫资源的生境。

(3) 制作天堂寨昆虫资源宣传画册及挂图。

【参考文献】

[1] 王林瑶,张广学.昆虫标本技术[M].北京:科学出版社,1983.

[2] 吴继传.中华鸣虫谱——中国蟋蟀学·鸣虫卷[M].北京:北京出版社,2001.

[3] 周尧.中国蝴蝶分类与鉴定[M].郑州:河南科学技术出版社,1998.

[4] 周尧.中国蝴蝶原色图鉴[M].郑州:河南科学技术出版社,1999.

[5] 王音,周序国.观赏昆虫大全[M].北京:中国农业出版社,1996.

[6] 吴燕如,周勤.中国经济昆虫志第五十二册膜翅目泥蜂科[M].北京:科学出版社,1996.

[7] 蔡邦华.昆虫分类学(下册)[M].北京:科学出版社,1985.

[8] 雷朝亮,周志伯.湖北省昆虫名录[M].武汉:湖北科学技术出版社,1998.

[9] 陈树椿.中国珍稀昆虫图鉴[M].北京:中国林业出版社,1999.

[10] 杨星科,杨建新,李文柱.长江三峡库区昆虫资源及物种多样性[M]//杨星科.长江三峡库区昆虫.重庆:重庆出版社,1997:34-53.

[11] 贾凤龙,邵志芳.深圳莲花山公园的昆虫资源及其可持续利用[J].中山大学学报(自然科学版),2002,41(增刊2):56-58.

[12] 贾凤龙,张碧胜.深圳莲花山公园的昆虫物种多样性编[J].中山大学学报(自然科学版),2002,41(增刊2):82-85.

[13] 贾凤龙,张碧胜,唐东红.深圳梅林公园的昆虫物种多样性编[J].华南农业大学学报,2004,25(增刊I):65-69.

模块九　脊椎动物的外部形态与内部解剖

在长期的进化历史中,由于自然选择的作用,动物在形态、生态、行为、生理和遗传上发生了分化,其结果是产生了地球上丰富的物种。生物对环境的适应可以在不同结构水平上体现出来。动物的外部形态和内部结构在进化中产生了各种各样的对环境的适应性变化。通过对脊椎动物中不同类群动物的比较解剖,主要从外部形态和内部结构理解动物对于不同生活环境的适应和不同动物类群之间的进化关系。

鱼类是脊椎动物中完全适应水生生活的类群,具有一系列适应水生环境的形态特征和生理特性,一般体表有鳞,以鳃呼吸,以鳍作为运动器官,凭借上、下颌摄食,是一类变温动物,也是脊椎动物中种类最多的类群,与人类生活有着密切的联系。

两栖动物是一类在个体发育中经历幼体水生和成体水陆兼栖生活的变温动物。蛙类是两栖动物的代表,体现了脊椎动物从水生到陆生的巨大飞跃,但是还不能完全摆脱水生,是从水生到陆生的过渡类型。主要表现在繁殖和幼体发育必须在水中进行;成体的呼吸器官肺的结构简单、气体交换能力差,必须由皮肤辅助呼吸;血液循环系统比较原始,为不完全的双循环,代谢能力较低;陆地运动器官不完善,后肢支撑身体能力差,只能跳跃或作艰难爬行。

鸟类是以飞行为主要运动形式的高等脊椎动物类群,能以主动地快速运动适应多变的环境,在外部形态、内部结构和生理功能上产生一系列的适应性变化。鸟类体呈流线型、体表被羽,皮肤干燥、缺乏腺体,前肢特化为翼;骨骼轻薄而多愈合,为气质骨;发达的气囊与肺相通,可进行双重呼吸,心脏四室,为完全的双循环;新陈代谢速率高,具有高而恒定的体温,减少了对外界温度条件的依赖,获得了在低温地区分布和夜间活动的能力。此外,鸟类还具有高度发达的神经系统和感觉器官,具有完善的繁殖方式和行为。

哺乳动物是脊椎动物中最高等的类群,具有高度发达的神经系统和感觉器官,出现了利用口腔咀嚼和消化、运动迅速、恒温、胎生和哺乳等特征,大大提高了幼仔成活率并使其能够良好地发育成长。

实验十三　鲤鱼的外部形态与内部解剖

【目的与要求】

(1) 通过对鲤鱼外部形态的观察和内部结构的解剖,了解硬骨鱼类的主要特征及鱼类适应于水生生活的形态结构特征。

(2) 掌握硬骨鱼类内部解剖的基本操作方法。

【材料与用具】

(1) 实验动物和材料:活鲤鱼、骨骼标本。

(2) 器材和仪器：体视显微镜、放大镜、解剖盘、解剖器具、培养皿、载玻片。

【方法与步骤】

（一）鲤鱼外部形态的观察

鲤鱼体呈纺锤形，左右侧扁，背部灰黑色，腹部近白色。身体可区分为头、躯干和尾3部分，无颈部。体表为鳞片所覆盖，鳞片外有一黏液层。

1. 头部

头部前端为口，两侧各有2条触须（鲫鱼无触须）。口背面有鼻孔1对，鼻腔是一盲囊，不通口腔，专司嗅觉（可用解剖针从鼻孔探入）。眼1对，位于头部两侧，形大而圆，无活动的眼睑和瞬膜。眼后头部两侧为宽扁的鳃盖，鳃盖后缘有膜状的鳃盖膜，借此覆盖鳃孔，鳃盖后缘是头与躯干的分界处。

2. 躯干部和尾部

臀鳍的前方有肛门和泄殖孔，肛门是躯干和尾部的分界处。自鳃盖后缘至肛门为躯干部；自肛门至尾鳍基部最后一枚椎骨为尾部。躯干部和尾部体表被以覆瓦状排列的圆鳞，鳞外覆有一薄层表皮，表皮内富有单细胞黏液腺，分泌大量黏液，因此体表黏滑。

（1）鳞。躯体表面被有圆鳞。鳞片前端斜插入真皮内，后端游离，彼此呈覆瓦状排列。躯体两侧从鳃盖后缘到尾部，各有1条由鳞片上的小孔排列成的点线结构，此即侧线，被侧线孔穿过的鳞片称侧线鳞。各种鱼的鳞片数目基本上是固定的，通常用鳞式表示：

$$侧线鳞数 \frac{侧线上鳞数}{侧线下鳞数}$$

侧线上鳞数是背鳍起点斜列至侧线的鳞数，侧线下鳞数是臀鳍起点斜列至侧线的鳞数。

季节性变化和食物丰度差异反映在鳞片表面上就是一环又一环的环片，这是周期性变化时鉴定鱼类年龄的基础。选取鱼体前半部侧线与背鳍之间的完整鳞片，在温水中用刷子洗去污物，用清水冲洗干净，晾干。将鳞片加载于2块玻片之间，玻片两端用胶布固定，置于显微镜下观察。在低倍镜下，鳞片前部形成年轮的区域称为顶区，两侧为侧区。前部的环片轮纹以前、后交汇处的鳞焦为圆心平行排列。选取鳞片的顶区和侧区交接处用高倍镜观察，彼此平行的数行环片轮纹被前部的环片轮纹所割断，即一个年轮。根据年轮的数目可以推算该鱼的年龄。

（2）鳍。体背和腹侧有鳍，背鳍1个，由鳍棘（硬而不分叉）和鳍条（柔软分节，末端分叉）组成，约为躯干的3/4；臀鳍1个，较短；尾鳍末端凹入，分成上、下相称的2叶，为正尾型；胸鳍1对，位于鳃盖后方左、右两侧；腹鳍1对，位于胸鳍之后、肛门之前，属腹鳍腹位；肛门紧靠臀鳍起点基部前方，紧接肛门后有1泄殖孔。鱼类的鳍可用鳍式表示，是鱼类分类的依据之一。鳍式中，D代表背鳍，A代表臀鳍，C代表尾鳍,V 代表腹鳍;罗马数字代表鳍棘数目,阿拉伯数字代表鳍条数目,半字线代表鳍棘与鳍条相连,逗号表示分离,罗马数字或阿拉伯数字中间用"～"表示范围,如 DⅪ-18～19。

(二) 鲤鱼的内部解剖与观察

将鲤鱼置于解剖盘中,使其腹部向上,用解剖剪沿腹中线经腹鳍中间从肛门剪至下颌之后。使鱼侧卧,左侧向上,自肛门前的开口向背方剪到脊柱,沿脊柱下方剪至鳃盖后缘,再沿鳃盖后缘剪至胸鳍之前,移除左侧体壁,暴露内脏,即可观察。

注意:剪开体壁时,剪刀不要插入太深,剪刀尖应上翘,以免损伤内脏。揭开左侧体壁前先用镊子将体腔膜与体壁剥离开,以使内脏器官与体壁分开时不致被损坏。用棉花拭净器官周围的血迹及组织液,置于盛水的解剖盘内观察。鲤鱼的内脏如图9-1 所示。

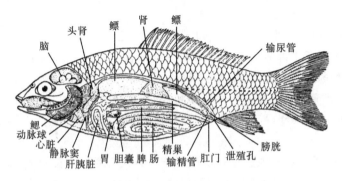

图 9-1　鲤鱼的内脏

1. 原位观察

在胸腹腔前方、最后 1 对鳃弓的腹方,有一小腔,为围心腔,它借横隔与腹腔分开。心脏位于围心腔内,心脏背上方有头肾。在胸腹腔里,脊柱腹方是白色囊状的鳔,覆盖在前、后鳔室之间的三角形暗红色组织为肾脏的一部分。鳔的腹方是长形的生殖腺,对于成熟个体,雄性的为乳白色的精巢,雌性的为黄色的卵巢。胸腹腔腹侧盘曲的管道为肠管,在肠管之间的肠系膜上有暗红色、散漫状分布的肝胰脏,体积较大。在肠管和肝胰脏之间的一细长红褐色器官为脾脏。

2. 循环系统

循环系统由心脏、动脉、静脉、毛细血管和血液组成。心脏位于二胸鳍之间的围心腔内,由一心室、一心房和静脉窦等组成。

(1) 心室。心室呈淡红色,位于围心腔的中央,其前端有一白色、壁厚的圆锥形小球体(动脉基部膨大),为动脉球,自动脉球向前发出 1 条较粗大的腹大动脉及其分支入鳃血管。

(2) 心房。心房呈暗红色,薄囊状,位于心室的背侧。

(3) 静脉窦。静脉窦 1 个,位于心房背侧面,暗红色,壁很薄,不易观察。

3. 生殖系统

生殖系统由生殖腺和生殖导管组成。

(1) 生殖腺。生殖腺外被极薄的膜,位于鳔的腹方。雄性有精巢1对,性未成熟时往往为淡红色,性成熟时为纯白色,呈扁长囊状;雌性有卵巢1对,性未成熟时为淡橙黄色,呈长带状,性成熟时为微黄红色,呈长囊形,几乎充满整个腹腔,内有许多小型卵粒。

(2) 生殖导管。生殖腺表面的膜向后延伸的短管,即输精管或输卵管。左、右输精管或输卵管在后端汇合后通入泄殖窦,泄殖窦以泄殖孔开口于体外。

观察完毕,移去左侧生殖腺,以便观察消化器官。

4. 消化系统

消化系统包括口腔、咽、食管、肠和肛门组成的消化管及肝胰脏和胆囊等消化腺体。

(1) 口腔与咽。口腔由上、下颌包围而成,颌无齿。口腔背壁由厚的肌肉组成,表面有黏膜,腔底后半部有一不能活动的三角形舌。口腔之后为咽部,其左、右两侧有5对鳃裂,相邻鳃裂间生有鳃弓,共5对,第5对鳃弓特化成咽骨,其内侧着生咽齿。咽齿与咽背面的基枕骨腹面角质垫相对,能夹碎食物。

(2) 食管。肠管最前端接于食管,食管很短,背面有鳔管通入,并以此为食管和肠的分界点。

(3) 肠。用圆头镊子将盘曲的肠管展开。肠的长度为体长的2~3倍,鲤鱼没有明显的胃,大、小肠也无明显区别。肠的前2/3段为小肠,后接大肠,最后一段为直肠,直肠以肛门开口于臀鳍基部前方。

(4) 肝胰脏。鲤鱼的胰散布在肝里,总称肝胰脏,分为左、右2叶,暗红色,弥散分布在肠管之间的肠系膜上。

(5) 胆囊。胆囊呈椭圆形,暗绿色,位于肠管前部右侧,大部分埋在肝胰脏内,从胆囊的基部胆管通入肠前部。

观察完毕,移去消化管及肝胰脏,以便观察其他器官。

5. 呼吸器官

鳃是鱼类的呼吸器官。整个鳃所在的空腔为鳃腔,外有鳃盖遮盖。鳃盖后缘有膜,称为鳃盖膜,可使鳃盖紧密关闭。鲤鱼的鳃由鳃弓、鳃耙、鳃片组成,鳃隔退化。

(1) 鳃弓。鳃弓共5对,位于鳃盖之内、咽的两侧。每对鳃弓内缘凹面生有鳃耙;第1~4对鳃弓外缘并排长有2列鳃片,第5对鳃弓没有鳃片。

(2) 鳃耙。鳃耙是鳃弓内缘凹面上成行的三角形突起。第1~4对鳃弓各有2行鳃耙,左右互生,第1对鳃弓的外侧鳃耙较长。第5对鳃弓只有1行鳃耙,可阻挡食物的溢出。

(3) 鳃片。鳃片呈薄片状,鲜活时呈红色。每个鳃片称半鳃,长在同一鳃弓上的2个半鳃合称全鳃。

剪下 1 个全鳃,放在盛有少量水的培养皿内,置于体视显微镜下观察。可见每一鳃片由许多鳃丝组成,每一鳃丝两侧又有许多突起状的鳃小片,鳃小片上分布着丰富的毛细血管,吸收水中的氧,并排出血液中的二氧化碳。横切鳃弓,可见 2 个鳃片之间退化的鳃隔。

(4) 鳔。鳔为银白色胶质囊,辅助呼吸,位于腹腔消化管背方,从头后一直伸展到腹部后端,分前、后 2 室,后室前端腹面发出一细长的鳔管,通入食管背壁。

观察完毕,移去鳔,以便观察排泄器官。

6. 排泄系统

排泄系统包括肾脏、输尿管和膀胱。

(1) 肾脏。肾脏 1 对,为红褐色狭长形器官,紧贴于腹腔背壁正中线两侧,在鳔的前、后室相接处,肾脏扩大使此处的宽度最大。每个肾的前端体积增大,向左、右扩展,进入围心腔,位于心脏的背方,为头肾,是拟淋巴腺。

(2) 输尿管。每个肾最宽处各通出一细管,即输尿管,沿腹腔背壁后行,在近末端处二管汇合通入膀胱。

(3) 膀胱。输尿管后端汇合后稍扩大形成的囊即为膀胱,其末端开口于泄殖窦。

7. 脑

从两眼眶下剪,沿体长轴方向剪开头部背面骨骼,再在两纵切口的两端之间横剪,小心地移去头部背面骨骼,用棉球吸去银色发亮的脑脊液,脑便显露出来。从脑背面观察以下结构。

(1) 端脑。端脑包括嗅脑和大脑。大脑分左、右 2 个半球,位于脑的前端,其顶端各伸出 1 条棒状的嗅柄,嗅柄末端为椭圆形的嗅球,嗅柄和嗅球构成嗅脑。

(2) 中脑。中脑位于端脑之后,较大,受小脑瓣所挤而偏向两侧,各成半月形突起,又称视叶。用镊子轻轻托起端脑,向后掀起整个脑,可见在中脑位置的颅骨上有 1 个陷窝,其内有一白色近圆形小颗粒,为内分泌腺脑垂体。用小镊子揭开陷窝上的薄膜,可取出脑垂体,用于其他研究。

(3) 小脑。小脑位于中脑后方,为一圆球形体,表面光滑,前方伸出小脑瓣突入中脑。

(4) 延脑。脑的最后部分,由 1 个面叶和 1 对迷走叶组成,面叶居中,其前部被小脑遮蔽,只能见到其后部,迷走叶较大,左右成对,在小脑的后两侧。延脑后部变窄,连接脊髓。

8. 骨骼

鲤鱼的骨骼如图 9-2 所示。

(1) 头骨。头骨包括脑颅和咽颅两大部分。咽颅又分成颌弓、舌弓、鳃弓。头骨已骨化,骨片极多且复杂。

(2) 脊柱。脊柱分为躯椎及尾椎,但已骨化。躯椎约 17 节,尾椎约 18 节。

椎体:脊椎骨基部前、后凹入部分,称为双凹椎体。两椎体凹窝里尚有残余的脊

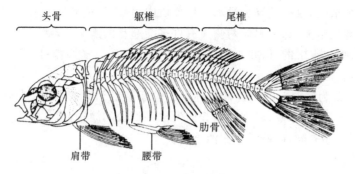

图 9-2 鲤鱼的骨骼

索,它们穿过椎体中央小孔,相联结而成念珠状的脊索。

椎弓:椎体背面呈弓形的部分。

椎棘:椎弓背中央向后斜的突起。

前关节突:椎弓基部前方的 1 对尖形小突起。

后关节突:椎体后方的 1 对突起,与后一椎体的前关节突相关节。

椎孔:椎体与椎弓间的孔,有脊髓通过。

脉弓:椎体两侧的突起,躯椎的脉弓基部膨大,渐向末端变细成为长条形的肋骨;尾椎的脉弓合并,中间的孔有尾动、静脉穿过。脉弓的腹中央有一条向后斜的脉棘。

尾杆骨:由最后一个脊椎骨弯向背方所形成。

此外,鲤鱼和其他鲤科鱼类一样,在前几个脊椎骨附近有一组特有的韦伯氏器,是鳔和内耳的联络器官,每侧有大、小 4 块骨头。

三脚骨:位于第 2 脊柱骨和第 3 脊柱骨侧腹面,是较大的三角形骨骼。

间插骨:三脚骨前端作斜插状的细长小骨。

舟骨:间插骨前端的小骨。

门骨:位于间插骨前端,同外枕骨接触的小骨。

(3) 附肢骨骼。附肢骨骼包括胸鳍和肩带,腹鳍和腰带,背鳍、臀鳍和尾鳍。肩带、腰带均已骨化。

胸鳍和肩带:肩带由锁骨、乌缘骨等 6 块骨组成,胸鳍由鳍条及鳍担骨组成。

腹鳍和腰带:由无名骨、鳍条和它们之间的鳍担骨组成。鳍担骨为支持鳍基部的辐鳍骨,外接皮肤鳍条。

背鳍和臀鳍:由鳍担骨和鳍条组成。鳍担骨基部扩大成薄的骨片,前后相连;鳍条前有二棘,不分枝,为不分枝鳍条。

尾鳍:由尾上棘、尾下棘和鳍条组成,尾上棘是最后 3 节脊椎骨的椎棘变形而成的薄片骨,尾下棘是脉棘变形而成的薄片。

【作业与思考题】

(1) 根据原位观察,绘制鱼的内部解剖图,注明各器官的名称。

(2) 试述鱼类适应于水生生活的形态结构特征。

实验十四 青蛙的解剖

【目的与要求】

通过对青蛙的解剖和观察,掌握两栖动物各器官系统的解剖特征,两栖动物由水生到陆生的适应特征。

【材料与用具】

(1) 实验动物和材料:蛙。
(2) 试剂:乙醚等。
(3) 器材和仪器:解剖盘、解剖针、剪刀、镊子、探针、骨剪、大头针、放大镜、脱脂棉。

【方法与步骤】

(一) 蛙的外部形态

取一只青蛙,置于解剖盘上,观察其外部形态。蛙体外表面的皮肤柔软光滑,裸露无鳞,富有黏液。四肢发达,善于跳跃。整体蛙分为头、躯干和四肢3部分,颈部不明显。

1. 头部

大而略呈三角形。眼1对,在头部背面两侧,具有上、下眼睑,较厚,不能眨动。在下眼睑的上方有一层半透明的瞬膜,可向上活动遮住眼球。口位于头的前端,口裂宽阔。上颌具有同型细齿,下颌无齿。口腔中有舌,叉形倒生,基部着生于下颚的前端,舌尖可翻出口外,以捕捉小虫。

两眼后方各有一片角质圆膜即鼓膜,盖住鼓室,鼓室中有一短的耳咽管(咽鼓管),其末端以一圆孔与口腔相通,开口在口角两侧。在两眼的前方有一对鼻孔,经鼻腔至口腔顶部前端的内鼻孔与口咽腔相通。成熟雄蛙头两侧口角后方下颚处有1对囊状突起,为鸣囊,鸣叫时向外突出,涨大而成圆球状。

活青蛙静坐时鼻孔内的瓣膜时张时关,口底部时升时降,这便是它的呼吸动作。

2. 躯干和四肢

躯干紧接头后,与头无明显的颈。在背部两侧各有一条背侧皮褶,称为背侧褶。躯干之前后部各着生肢一对。

前肢细短,由上臂(肱骨)、前臂(桡尺骨)、腕、掌及其末端的四指组成。在生殖季节雄蛙第一指乃至第二指基部有瘤状突起,称为婚垫。蛙的后肢特别发达,由大腿(股骨)、小腿(胫、腓骨)、足(跗、趾骨)3部分组成,足有5趾,趾间具有膜质蹼。躯干后端有一孔,为泄殖腔的开口,称泄殖孔。蛙的骨骼如图9-3所示。

(二) 蛙的内部解剖

1. 青蛙的麻醉和解剖

有两种方法可以麻醉青蛙。

(1) 乙醚麻醉。将青蛙放入盛有乙醚棉球的密闭容器中,经过约5 min,青蛙便被麻醉昏迷。

(2) 双毁髓——刺毁蛙的脑和脊髓。

左手握蛙,背部向上,用食指下压其头部前端,使头前俯,中指抵住其胸部,拇指按其背部,使头与脊柱相连处凸起。右手持毁髓针自两眼之间沿中线向后端触划,当触到一凹陷处即枕骨后凹,用解剖针以垂直于身体背面的方向从枕骨大孔处抵住皮肤,由凹陷处垂直刺入,然后针体转成与脊柱同方向并与背部成一个较小的角度向前插入脑盒(图9-4)。同时旋转解剖针,解剖针尖部在脑盒中左右划动或绕动(此时手会感到针尖在脑盒中拨动骨头而引起的震动),将延脑捣毁。解剖针不能刺入太深,以免穿透口腔背壁,戳破血管。然后将解剖针退出,但不要抽离皮肤,仍保持在枕骨大孔位置。再向后插入脊髓腔中捣毁脊髓。解剖针尖部在椎管绕动,如肢体随针尖运动而抽动,说明已接触到脊髓神经。绕动几圈便能观察到青蛙两后腿蹬直,产生强直收缩,几秒钟后后肢瘫痪,对刺激无反应,即麻醉成功。解剖针不能插入太深,否则无法捣毁脊髓。解剖针插入的方向须尽量与脊髓平行,不然会刺破椎管,插入内脏引起出血。如动物仍表现四肢肌肉紧张或活动自如,则必须重新毁髓。

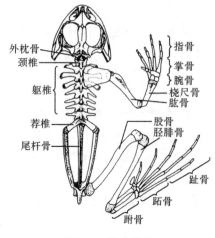

图 9-3 蛙的骨骼

图 9-4 蛙的双毁髓处死

将蛙腹面向上置于蜡盘中,用大头针把四肢的指(趾)尖和吻端固定于蜡盘上。用镊子提起腹部的皮肤,在后肢基部稍前方略偏左处剪一横切口(勿剖开肌肉)。由横切口再剪一纵切口,向前一直剪至下颌。从上、下两个切口分别向左、右剪开(与纵切口垂直),然后把躯体腹面两侧的皮肤扯向两边,用大头针将其固定于蜡盘上。注意观察皮肤内表面分布的许多血管。用剪开皮肤的方法剪开腹壁肌肉。注意解剖时从腹白线的左侧或右侧剖开腹直肌(在腹直肌正中央即腹白线有一根腹静脉,解剖时要避开这条血管);剪刀的尖端不要插入过深,以免损伤内脏。将剪开的腹壁肌肉扯向两边,与皮肤一起用大头针固定,此时便可看到体腔,内脏暴露,进行观察。

用平头镊子轻轻拨开内脏(切勿用刀、剪,以免损伤内脏器官),观察各器官的自然状态。内脏的自然位置观察完后,依次按系统进行观察。

2. 口咽腔

蛙的口咽腔为消化系统和呼吸系统共同的器官。口角之前的腔为口腔,口角之后的较窄处为咽腔。

用剪刀剪开左右口角至鼓膜下方,令口咽腔全部露出。口腔底部中央有一柔软的肌肉质舌,其基部着生在下颌前端内侧,舌尖向后伸向咽部,舌尖分叉,手触有黏滑感。沿上颌边缘有1行细而尖的牙齿,即颌齿;在1对内鼻孔之间有2丛细齿,为犁齿。口腔顶壁近吻端处有1对椭圆形内鼻孔,与外鼻孔相通。口腔顶壁两侧、口角附近的1对大孔为耳咽管开口,用镊子由此孔轻轻探入,可通到鼓膜。

雄蛙口腔底部两侧口角处、耳咽管孔稍前方,有1对小孔即声囊孔。在舌尖后方、咽的腹面有一个圆形突起,该突起由一对半圆形勺状软骨构成,软骨间的纵裂即喉门,是喉气管室在咽部的开口。喉门的背侧、咽的最后部位为一皱襞状开口即食道前端的开口。蛙的内部结构如图9-5所示。

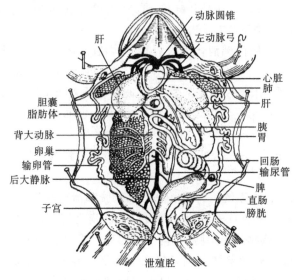

图 9-5 蛙的内部结构

3. 消化系统

蛙的消化系统分为消化管和消化腺两部分。消化管为口咽腔到泄殖腔的管道,消化腺包括肝脏和胰脏。

(1) 食道。食道开口于喉门背侧,将心脏和左叶肝脏推向右侧,用镊子自咽部的食道口探入,可见心脏背方乳白色短管与胃相连,此管即食道,较短,壁薄。

(2) 胃。胃为食道后端所连的1个形稍弯曲的膨大囊状体,位于体腔的左侧,部分被肝脏遮盖。胃与食道相连处称贲门;胃与小肠交接处紧缩变窄,为幽门。胃内侧的小弯曲称胃小弯,外侧的大弯曲称胃大弯,胃中间部称胃底。

(3) 肠。肠分为小肠与直肠。小肠前端接于胃的幽门后方,向前方延伸与胃一起形成"U"形弯曲,又称十二指肠。其后向右后方弯转并继而盘曲在体腔后右部,为回肠。大肠接于回肠,膨大而陡直,又称直肠,直肠向后通泄殖腔,以泄殖腔孔开口于体外。

(4) 肝脏。肝脏由较大的左、右2叶和较小的中叶组成,红褐色,位于体腔前端、心脏的后方,覆盖胃的一部分。在中叶背面,左、右2叶之间有一绿色圆形小体,即胆囊。用镊子夹起胆囊,轻轻向后牵拉,可见胆囊前缘向外发出2根胆囊管,1根与肝管连接,接收肝脏分泌的胆汁;1根与总输胆管相连,胆汁经总输胆管进入十二指肠。

(5) 胰脏。胰脏为1条长形不规则的呈淡红色或黄白色的腺体,位于胃和十二指肠间弯曲处的肠系膜上。提起小肠,在直肠前端的肠系膜上可见到一褐色的圆形小体,为脾脏。脾脏是一淋巴器官,与消化无关。

4. 呼吸系统

成蛙为肺、皮呼吸。呼吸系统包括鼻腔、口腔、喉气管室和肺等器官。

(1) 喉气管室。将镊子自咽部喉门处通入,可见心脏背方一短粗略透明的管子,即喉气管室,其后端分两叉与左、右肺相连。

(2) 肺。肺位于体腔前部消化道的两侧,为心脏两侧的1对粉红色、近椭圆形的薄壁囊状物。小心地把心脏和肝脏分离开,移向一侧,即可见肺囊。肺囊壁薄,表面呈蜂窝状。如肺内无气体,不利于观察,可将玻璃管插入喉头气管室,吹气,以便观察肺囊壁的结构。剪开肺可见其内表面呈蜂窝状,其上密布微血管。

5. 泄殖系统

将蛙的消化系统移向一侧,可观察肾脏和生殖腺。蛙为雌雄异体,观察时可互换不同性别的蛙(图9-6)。

(1) 排泄系统。排泄系统由肾脏、输尿管、膀胱和泄殖腔组成。

肾脏1对,紧贴背壁脊柱的两侧,暗红色,长而扁平,呈分叶的卵圆形,其腹面镶嵌着一条淡黄色的带状物是肾上腺,为内分泌腺体。沿肾脏的外缘近后端,各通出一根白色输尿管,两根输尿管末端分别开口于泄殖腔。在直肠的腹面有一薄囊,即膀胱,一个2叶状薄壁囊,基部呈管状,开口于泄殖腔。泄殖腔为粪、尿和生殖细胞共同排出的通道,以单一的泄殖腔孔开口于体外。

(2) 雄性生殖系统。雄性生殖系统由精巢和输精管组成。

精巢1对,位于肾脏腹面内侧,豆形,淡黄色。精巢大小随个体和季节的不同而有差异。用镊子轻轻提起精巢,可见由精巢内侧发出的许多细管即输精小管(将精巢与肾之间的系膜拉紧,用放大镜可看到输精小管),精液通过输尿管排入泄殖腔,故输

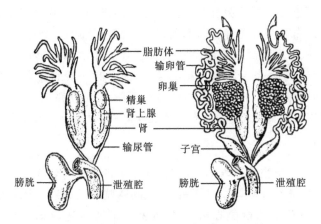

图 9-6 雄蛙(左)和雌蛙(右)的泄殖系统

尿管兼有输精的作用。雄蛙的精巢前方有一绿豆大小、形状不规则的退化卵巢,即毕氏器官。

(3) 雌性生殖系统。雌性生殖系统由卵巢和输卵管组成。

卵巢1对,位于肾脏前端腹面。卵巢形状、大小因季节的不同变化很大,繁殖季节卵巢很发达,内有大量黑色卵,未成熟时呈淡黄色。卵巢底部、输尿管外侧长而迂回的白色管子为输卵管。其前端以喇叭状开口于体腔前端(肺的背面);后端在接近泄殖腔处膨大成囊状,称为子宫,子宫开口于泄殖腔背壁。

(4) 脂肪体。雌蛙和雄蛙均具有脂肪体1对,黄色,指状,为储藏营养供生殖细胞发育之用,在卵巢发达的个体中,常因营养消耗大而消失。

6. 循环系统

两栖动物成体,营陆生生活,用肺和皮肤呼吸,具有较复杂的循环系统,由心脏、动脉和静脉组成。血液循环有体循环和肺循环两条血循环路线。

(1) 心脏。蛙的心脏位于体腔前端胸骨背面,被包在围心腔内,其后是红褐色的肝脏。在心脏腹面用镊子夹起半透明的围心膜并剪开,心脏便暴露出来。从腹面观察,心脏具有两心房、一心室、一动脉圆锥、一静脉窦。心脏略呈圆锥形,锥尖指向下方。心脏下部壁较厚而呈淡红色的是心室,心脏上部壁较薄而呈红褐色的是心房。心房为心脏前部的2个薄壁有皱襞的囊状体,左右各一,共同开口于心室。心室1个,为连于心房之后的厚壁部分,圆锥形,心室尖向后。在两心房和心室交界处有一明显的凹沟,称冠状沟,紧贴冠状沟有黄色脂肪体。

用镊子轻轻提起心尖,将心脏翻向前方,观察心脏背面,可见心脏背面一暗红色三角形的薄壁囊,即静脉窦。在心房和静脉窦之间有1条白色半月形界线即窦房沟。左、右两心房中间腹面和心室相连处稍稍粗大的一段即动脉圆锥,其末端和心室相通。

(2) 静脉。蛙的静脉系统由肺静脉和体静脉组成。静脉窦前面左、右各连接一根前腔静脉,后面连接一根后腔静脉。身体各部回来的静脉血液经前、后腔静脉汇集于静脉窦,再流入右心房。在静脉窦的前缘左侧,有很细的肺静脉注入左心房。

(3) 动脉。从心房腹面左侧通出一根白色管子即动脉干,动脉干沿着右心房腹壁前行,分成两支。每一支又分成3根动脉弓,前面的一根是颈动脉弓,分支到头部;中间两根是体动脉弓,这两根体动脉弓向背后弯曲,在心脏的背后方汇成一条背大动脉,主要分支到内脏和四肢;最后一根是肺皮动脉弓,分支到肺和皮肤。

【作业与思考题】

(1) 绘青蛙的口咽腔图和内部结构图,并注明各部分的名称。
(2) 青蛙的膀胱不直接与输尿管相连,试问膀胱里的尿液是从哪里来的?
(3) 通过实验总结两栖类在哪些方面表现出初步适应陆生生活的形态结构特征。

实验十五　家鸡(鸽)的外部形态与内部解剖

【目的与要求】

通过对家鸡(鸽)外部形态和各器官系统的观察,认识鸟类各系统的基本结构及其适应于飞翔生活的主要特征;学习解剖和观察鸟类的方法。

【材料与用具】

(1) 实验动物和材料:家鸡(鸽)的骨骼示范标本、活鸡(鸽)。
(2) 试剂:乙醚等。
(3) 器材和仪器:解剖盘、剪刀、解剖刀、解剖针、镊子、骨剪、脱脂棉。

【方法与步骤】

(一) 家鸡(鸽)的骨骼

家鸡(鸽)的骨骼系统的特点是质轻而坚,联合紧密,多有愈合。

1. 头骨

头骨由许多薄的骨片组成(幼体可见骨缝)。头骨前端上颌与下颌向前延伸形成喙,不具有牙齿;头骨的前部为颜面部,后部为顶枕部,后方腹面有枕骨大孔,其下缘有一个枕骨髁,与第一颈相关节。头骨的两侧中央有大而深的眼眶。眼眶后方有小的耳孔。

2. 脊柱

脊柱可分为颈椎、胸椎、腰椎、荐椎和尾椎等五个部分。除大部分颈椎能灵活转动外,其余多有愈合现象,不能活动。

颈椎16枚,第1、2枚颈椎特化为环椎和枢椎,第3枚以下的颈椎相互呈鞍状关节(异凹椎体),所以鸟类的头能旋转半周。胸椎5枚,前3枚与最后1枚颈椎愈合,第 4 枚胸椎游离,最后 1 枚与腰椎愈合。每枚胸椎与 1 对肋骨相关节。综荐骨是由最后 1 枚胸椎、5~6 枚腰椎、2 枚荐椎及 5 枚尾椎愈合而成的一块宽阔骨板,两侧与骨盆相接。尾椎除了参与综荐骨的几枚外,后方有 6 枚游离的尾椎骨和由 4~6 枚尾椎愈合而成的 1 枚侧扁且上翘的尾综骨。

3. 胸骨和肋骨

胸骨发达,左、右两缘与肋骨连接,腹中央有 1 个纵行的龙骨突起——龙骨突。每枚胸椎两侧附有 1 对肋骨,分背、腹两段(胸肋和背肋),前 3 对的背段上有钩状突起,压附在后 1 对肋骨的背段上;肋骨在腹面与胸骨相连增固了胸廓的结构。

4. 肩带及前肢骨

肩带强健,左右各一,由肩胛骨、喙状骨和锁骨组成,在腹面与胸骨相接。肩胛骨呈细长刀形,位于胸廓背方,与脊柱平行。喙状骨粗壮,一端与肩胛骨相连共同形成肩臼,与肱骨形成活动关节;另一端与胸骨相连。锁骨细长,位于乌喙骨前方,左、右锁骨在腹面愈合成"V"字形,由韧带与胸骨相连接。

前肢骨由肱骨、桡尺骨、掌骨和指骨组成。掌骨退化合并,指骨退化。

5. 腰带和后肢

腰带由髂骨(较长且大)、坐骨和趾骨(细而长)三对骨组成,每侧腰带各骨互相愈合成为无名骨,与中间的综荐骨相联合。但左、右无名骨在腹面不联合,形成鸟类所特有的开放型骨盆。

后肢骨由股骨、胫腓骨、跗跖骨和趾骨组成。腓骨退化为刺状,胫骨与跗骨上部愈合为胫跗骨,跗骨下部与跖骨愈合为跗跖骨。两骨间的关节为跗间关节。

(二)家鸡(鸽)的外部形态

处死家鸡(鸽)的方法:活家鸡(鸽)一只,一手握住其双翼,另一手紧压腋部;或以拇指和食指压住两侧蜡膜,中指托住其颏部,使鼻孔与口均闭塞,1~2 min 后,家鸡(鸽)因窒息而死。

也可用乙醚使其麻醉或静脉注射空气处死。置于解剖盘中观察其外部形态。

家鸡(鸽)全身分头、颈、躯干、尾、翼、足等部分,体表被有羽毛。

1. 羽毛

羽毛按形态结构可分为正羽、绒羽、纤羽三类,各类间均具有一系列过渡类型。

(1)正羽。正羽为身体外表所长的羽毛,由中央的一根羽轴和两侧扩展的羽幅组成。羽轴下部插在皮肤中的部分称为羽柄。羽柄中空,内藏髓质,与皮肤内的真皮乳突相通。羽幅分内、外两片,由众多斜着排列而平行的羽枝编织而成。羽枝两侧斜生出平行的羽小枝,羽小枝有羽槽和羽钩,相邻的前后羽小枝互相嵌合在一起,使羽幅编织成一疏松而带韧性的薄网,借以提高飞行时空气的浮力。

(2)绒羽。绒羽密生在成鸟正羽的下面,它有一羽柄,羽枝成簇地从羽柄顶部伸出,羽枝上还有羽小枝,羽小枝上不具有羽钩或缺失,羽干短小或缺失(但鸽的绒羽大部分都有较发达的羽干)。典型的绒羽无羽干,主要分布于腋部,各裸区亦有零星分布。绒羽蓬松柔软,是体表有效的隔热层。

(3) 纤羽。纤羽呈毛状,仅具有光裸的羽干,或在顶端有少数互不相连的羽枝,在拔去身上的正羽和绒羽后,就可见到这种纤羽。

2. 头部

头顶部有红色肉冠(雄性更发达),颌下有一对肉垂。前端具有角质喙,分上喙和下喙,上喙大而弯曲,下喙略小,在上喙基部有鼻孔1对。头的两侧各有一个圆形大眼,具有上、下眼睑和可活动的瞬膜。轻轻拉开眼睑,在眼的内侧有一可开闭的瞬膜覆盖着眼球。眼后有由耳羽所覆盖的耳孔,鼓膜内凹下陷,形成一浅短的外耳道。耳后下方有肉褶。

3. 颈部

颈部细长,外被羽毛,活动自如。

4. 躯干

躯干部较大,呈纺锤形。前肢特化为翼,平时折叠,飞翔时展开,但不能完全伸直。在躯干后面两侧着生有后肢,股部不甚明显,下连胫腓部,外有羽毛,其下为跗跖部及趾,无毛,皆有角质鳞片,四趾,三前一后为常态足,趾端有爪。雄性后趾上方的跗跖部长有距。

5. 尾部

尾位于躯干部后端,较短,呈三角形肉质突起,羽毛甚多,其背面皮肤内有一对尾脂腺,中间有一突出物,称为尾脂腺管孔,在尾基部的腹面有一泄殖腔孔。

(三) 家鸡(鸽)的内部解剖

解剖方法:家鸡(鸽)处死后,用水湿润羽毛,将其拔掉,然后仰置于解剖盘中。用解剖刀从龙骨突的一侧切开胸部肌肉直至胸骨为止,然后用骨剪将胸骨剪开(注意勿损坏气囊),继续向前剖开,最后剪断锁骨(注意:在剪断锁骨前,先将锁骨处的肌肉与下面的嗉囊钝性分离,以免剪破嗉囊),轻轻提起嗉囊,即可见到锁骨间气囊。再向前把颈部皮肤撕开直达颏部,以露出嗉囊、气管和食道(注意:因嗉囊与皮肤相贴,如用剪刀剪皮肤极易剪破嗉囊),注意观察颈气囊,向后剖至泄殖腔孔前缘,便于进行内部器官的观察。

1. 呼吸器官

呼吸器官包括外鼻孔、鼻腔、内鼻孔、喉门、气管、支气管(左右各一,分别入肺)、肺及气囊。

(1) 外鼻孔。外鼻孔开口于上喙基部,裂缝状(家鸡无蜡膜)。

(2) 内鼻孔。内鼻孔位于口腔顶部纵行的黏膜褶壁中间。

(3) 喉门。剪开两侧嘴角,打开口腔,拉出舌尖,在舌根后方中央的纵裂即为喉门。

(4) 气管。喉门连接气管,气管位于颈部腹面皮肤下,与颈部等长,由环状软骨环构成,向后分为左、右两支气管入肺,支气管入肺后继续分成许多更细的支气管。

在左、右支气管分支处有一膨大的腔,即鸣管(半透明;有半月形骨片即鸣骨),是鸟类的发声器官。

(5) 肺。肺紧贴胸腔背方脊柱两侧,左、右两叶,为红色海绵状器官,弹性较小。

(6) 气囊。鸟类最为特殊的是某些支气管伸出肺外,形成发达的气囊。如用玻璃管从喉门吹气进去,可见体腔内的气囊鼓起来,尤以腹气囊为甚。一吹一放,气囊就一起一落,十分明显,如果将其中一个气囊弄破,其他各气囊就吹不起来了,所以解剖时宜小心。鸟类气囊包括 1 对颈气囊(在颈的基部,气管背面两侧)、1 个锁骨间气囊(在锁骨之间)、1 对前胸气囊(在体腔前部左、右两侧)、1 对后胸气囊(紧贴两侧的肋骨)和 1 对腹气囊(在腹腔内,为最大的 1 对气囊)。

2. 消化系统

消化系统由消化道和消化腺组成。消化道包括喙、口腔和咽部,向后依次分别为食道、嗉囊、胃、小肠、大肠、盲肠、直肠和泄殖腔。消化腺主要有肝脏和胰腺。家鸡的消化系统如图 9-7 所示。

(1) 消化道。

① 口腔。口腔的底部有舌,其前端呈箭头状,尖端角质化。顶部为硬腭,口腔分泌的黏液仅有润滑食物的作用。口腔后部为咽。

② 食道。食道是紧接咽部的一根薄壁长管,沿着颈腹面左侧、气管背面下行。食道在颈基部膨大成嗉囊,可储存食物,并能软化食物。

③ 胃。嗉囊向下为腺胃,其后为肌肉很厚的肌胃。腺胃又称前胃,为胃本体,上端与食管相连,呈

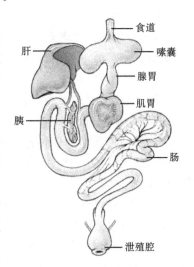

图 9-7 家鸡的消化系统

长纺锤形,掀开肝脏即可见。剪开腺胃,观察内壁上的许多乳状突,其上有消化腺开口。肌胃又称砂囊,为一扁圆形的肌肉囊,其胃壁为很厚的肌肉壁(辐射状的肌肉纤维),其内表面覆有硬的角质膜,呈黄绿色,胃内有许多砂石,用以磨碎食物。

④ 十二指肠。十二指肠位于腺胃和肌胃的交界处,是由肌胃通出的一段小肠,呈"U"形弯曲。在"U"形弯曲的肠系膜内有胰腺分布。

⑤ 小肠。小肠细长,盘曲于腹腔内,最后与短的直肠连接。

⑥ 直肠(大肠)。直肠(大肠)短而直,末端开口于泄殖腔。在其与小肠的交界处,有一对盲肠。鸟类的大肠较短,不能储存粪便。

(2) 消化腺。

① 肝脏。肝脏呈紫红色,分为左、右两大叶,右叶较大,位于体腔前部,家鸡在右叶基部有深绿色胆囊一个(家鸽无胆囊),在右叶背面有一深的凹陷,自此处伸出两支胆管通入十二指肠后部。

② 胰腺。不规则腺体,淡黄色,附在十二指肠弯曲部的肠系膜上,可分背、腹、前

三叶,由腹叶通出两条、背叶通出一条胰管(共三条)通入十二指肠。

此外,在肝胃间的系膜上有一紫红色、近椭球形的脾脏,为造血器官。

3. 循环系统

(1) 心脏。心脏呈圆锥形,位于胸腔内,外包被心包膜。前面褐红色的扩大的薄壁部分是心房,后面颜色较浅、壁厚者为心室。解剖结束后,把心脏取下并剪开观察,沿着心脏的左、右侧靠心尖1/3处横切,即可看到左心房和左心室之间有两片瓣膜即二尖瓣。右心房和右心室之间有一片肌肉瓣。

(2) 动脉。动脉管壁厚,略呈白色。仔细地清除心房与心室附近的结缔组织和脂肪,找出与心脏相连的动脉。稍提起心脏,区分心脏的左、右侧。

由左心室发出的主动脉离开心脏不远即向右弯曲,称右体动脉弓。由右体动脉弓的基部分出两支无名动脉,每条无名动脉向前分2支,为到头部去的颈总动脉,向左、右分支到前肢的为锁骨下动脉。右体动脉弓绕过右支气管向后弯曲,沿脊柱腹面后行,成为背大动脉。

背大动脉发出许多血管到内部器官。把肝脏推向左右,稍微提起腺胃和肌胃,可见从背大动脉发出一条到胃、肝及部分肠管去的动脉,即腹腔动脉。在腹腔动脉的稍下方,背大动脉发出一条到肠的动脉,为前肠系膜动脉。在前肠系膜动脉下方,发出1对肾动脉到肾脏。背大动脉至腰部发出1对髂动脉到后肢。背大动脉后端进入尾部即尾动脉。

由右心室发出的肺动脉分两支进入左、右肺。

(3) 静脉。静脉管壁薄,呈暗红色。从上方轻轻掀起右心房,可见2根从上面回来的较大的前大静脉,它收集头部和前肢的血液回右心房。稍提起心脏,可见在心脏背面有1根从下面回来的粗大的血管,即后大静脉,它从肝脏背面伸出,收集肝静脉、髂静脉、肾门静脉等血液,在2条前大静脉之间进入右心房。将肝脏各叶翻向前上方,有1条大静脉进入肝脏,为肝门静脉,它收集胃、肠、胰脏等器官的血液进入肝脏。肺静脉由每侧肺伸出,伸到前大静脉的背方,进入左心房。

4. 生殖系统

(1) 雄性生殖系统。精巢(睾丸)1对,浅黄色,位于肾脏的前叶腹侧,以系膜连于腹腔背壁,豆状,大小不等,成鸡较大。每个精巢的内侧有一卷曲的管子即附睾。附睾下面为白色弯曲的输精管,与输尿管平行,分别开口于泄殖腔。睾丸背侧的一对黄色小体是肾上腺,为内分泌腺。

(2) 雌性生殖系统。母鸡仅左侧的卵巢和输卵管发达,右侧退化。卵巢位于肾脏前方,呈葡萄状,红色至黄色,内有各种成熟程度不同的卵。卵巢背侧有肾上腺。

输卵管位于卵巢附近,为一迂回的长管,前端为喇叭口,开口于体腔。喇叭口后方的输卵管内壁富有腺体,可分泌蛋白和卵壳,末端膨大为子宫,子宫后部连接较细狭的阴道,通入泄殖腔。

5. 排泄器官

将观察完的心脏和消化系统小心移至一侧,肾脏 1 对(后肾),红褐色,长扁形,分 3 叶,紧贴在脊柱两侧。左、右肾中叶腹侧各分出一根细而直的输尿管通入泄殖腔,无膀胱。输尿管与肾门静脉并行。泄殖腔是消化系统、泄殖系统最终汇入的一个共同腔,球形,以泄殖孔与外界相通。

6. 神经系统

观察神经系统需要对实验材料做较长时间的处理。将头部剪下,仔细剥去皮肤,浸泡在 5%~10% 福尔马林-硝酸溶液中 1~2 d,脱钙软化后方可解剖(小心操作)。取出脱钙软化的头部,用水冲洗,将附着在头骨上的肌肉和结缔组织剥离干净,用剪刀从背后的枕骨大孔向前及两侧把头骨逐片剥离(剪刀尖端切勿伤及脑组织),使脑部结构露出。剥离头骨两侧的骨片时,注意勿将脑神经拉掉。先观察脑的背面,后观察腹面,再从两侧寻找脑神经。也可观察家鸡(鸽)脑的解剖示范标本。

(1) 大脑。脑的前端有 1 对不发达的椭圆形小体,即嗅叶,嗅叶后方是发达的大脑半球,表面光滑无褶皱。

(2) 间脑。向两旁分开大脑半球,可见椭圆形的隆起,即间脑。

(3) 中脑(视叶)。中脑位于大脑半球后下方的两侧,两侧突出,形成 2 个圆形视叶。

(4) 小脑。小脑发达,前接大脑半球,表面有平行的横沟纹,为蚓部,其两侧的突起称为小脑卷。

(5) 延脑。延脑位于小脑之后,延脑后端急剧下弯与脊髓相接。

观察脑的腹面时,小心地将头骨两侧及腹面的骨片除去。大脑宽大,间脑位于大脑后方,视神经交叉起于间脑。间脑后方为脑垂体部分,两侧为中脑,后面为突起的延脑。从脑的两侧和腹面伸出 12 对脑神经。

(6) 脊髓。脊髓具有典型结构,在胸部和腰部膨大,并由此发出臂神经丛和腰神经丛,分别到前、后肢。

【作业与思考题】

(1) 绘鸡消化系统简图和正羽的基本结构图。

(2) 通过实验观察,总结鸟类与飞翔生活相适应的特征。

实验十六　家兔的外部形态与内部解剖

【目的与要求】

通过对家兔的外部形态的观察和内部结构的解剖,了解哺乳类的形态和各器官系统的特点,了解哺乳类的一系列进步性特征,掌握解剖哺乳类的一般方法。

【材料与用具】

(1) 实验动物和材料：家兔、神经系统示范标本、兔整体骨骼标本。

(2) 试剂：乙醚等。

(3) 器材和仪器：解剖器具、解剖盘、骨剪、脱脂棉、玻璃管、棉线、解剖镜。

【方法与步骤】

(一) 家兔的外部形态

家兔属哺乳纲真兽亚纲兔形目。身体可分为头、颈、躯干、尾和四肢五部分。在胸部前和腹部后各有一对前肢和后肢。除鼻端、掌、足、跖和指、趾的腹面外，其余全身被毛。

1. 头部

头部着生有眼、耳、鼻、口等器官。眼有能活动的上、下眼睑和退化的瞬膜，眼后有1对长的漏斗状外耳壳，其基部为外耳道。鼻孔1对，两鼻孔间有鼻中隔。鼻下为口，口围以肉质而能动的唇。上唇着生有坚挺而长的触须，上唇中央有一纵裂，将上唇分为左、右两半，因此唇经常微微分开而露出门齿。

2. 颈

头后有明显的颈部，但很短。

3. 躯干

躯干较长，可分胸、腹和背部。背部有明显的腰弯曲。胸、腹部以体侧最后一根肋骨及胸骨剑突软骨的后缘为界。雌兔胸、腹部有3～6对乳头(以4对居多)，但幼兔和雄兔不明显。近尾根处有肛门和泄殖孔，肛门在后，泄殖孔在前。肛门两侧各有一无毛区，称为鼠蹊部，鼠蹊腺开口于此，家兔特有的气味即此腺分泌物的气味。雌兔泄殖孔称阴门，阴门两侧隆起形成阴唇。雄兔泄殖孔位于阴茎顶端，成年雄兔肛门两侧有1对明显的阴囊，生殖时期，睾丸由腹腔坠入阴囊内。

4. 尾部

尾部短小，在躯干末端。

5. 四肢

兔四肢在腹面，出现了肘和膝。前肢短小，肘部向后弯曲，分为上臂、下臂、腕、掌、指五部分，第一指无爪，其余四指均有爪。后肢较长，膝部向前弯曲，分为股、胫、跗、跖、趾五部分，具有4趾，均有爪，第一趾退化。在掌和跖的腹面有若干个肉垫。

(二) 家兔的骨骼系统

首先观察兔的整架骨骼标本，区分其中轴骨骼、带骨及四肢骨骼，了解其基本组成和大致的部位。然后再仔细辨认各部分的主要骨骼，并掌握其重要的适应性特征。注意保护骨骼标本，不要用铅笔等在骨缝等处做标记；不要损坏骨块间的自然联结。家兔的全身骨骼如图9-8所示。

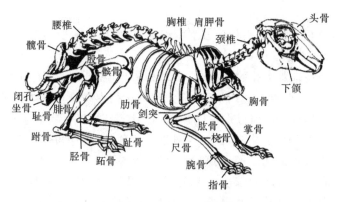

图 9-8 家兔的全身骨骼

1. 中轴骨骼

兔的中轴骨骼由脊柱、胸廓和头骨构成。

(1) 脊柱。家兔的脊柱大约由 46 块脊椎骨组成,分为颈椎、胸椎、腰椎、荐椎和尾椎五部分。

观察脊椎骨的结构(以 1 枚分离的胸椎为代表),包括椎体、椎弓、椎棘、横突及关节突和肋骨关节面 5 个部分。哺乳类的椎体为双平型,呈短柱状,可承受较大的压力。椎体之间具有弹性的椎间盘。椎弓是位于椎体背方的弓形骨片,内腔容纳脊髓。椎弓背中央的突起为椎棘,是背肌的附着点。横突为椎弓侧方的突起,其前、后各有前、后关节突,与相邻椎骨的关节突相关节。胸椎的横突末端有关节面与肋骨结节相关节。相邻椎骨的椎体共同组成一个关节面与肋骨小头相关节。因而肋骨与脊椎之间具有双重联结。

① 颈椎。颈椎 7 枚,第 1、2 颈椎特化为寰椎和枢椎。寰椎前缘有 1 对关节面与头骨的枕骨髁相关节,使寰椎与头骨间可做上、下运动。寰椎还能与头骨一起在枢椎的枢突上转动,极大地提高了头部活动的范围。

② 胸椎。胸椎 12～15 枚,背面的椎棘高大,腹侧与肋骨相连。胸椎、肋骨和胸骨构成胸廓,具有保护内脏、完成呼吸运动和间接支持前肢运动的作用。

③ 荐椎。由 4 个椎骨构成愈合荐骨。愈合荐骨借宽大的关节面与腰带相关节。

④ 尾椎。尾椎由 15～16 块椎骨组成。前面数枚尾椎具有椎管,以容纳脊髓的终丝;后面的尾椎仅有椎体,呈圆柱状。

(2) 胸廓。胸廓由胸椎、肋骨及胸骨构成。

① 肋骨。家兔共有 12～13 对肋骨。其中前 7 对直接与胸骨相连,为真肋;后几对不与胸骨直接连接,为假肋。真肋的上段骨质肋骨借两个关节与胸椎相关节,下段借软骨与胸骨联结。

② 胸骨。胸骨由 6 枚骨块组成,构成胸廓的底部。最前边的 1 块为胸骨柄;最后面的 1 块与 1 块软骨板相联结,为剑突;位于胸骨柄和剑突之间的胸骨统称为胸

骨体。

(3) 头骨。哺乳动物的头骨愈合程度很高,骨块数目减少。对照教材上的插图,从后方向前方顺序观察。

① 后部。环绕枕骨大孔的为枕骨,由基枕骨、上枕骨及左、右外枕骨愈合而成。枕骨两侧各有 1 个枕骨髁,与寰椎相关节。枕骨大孔为脊髓与延髓的通路。

② 上部。上部自后向前分别由间顶骨、顶骨、额骨和鼻骨所构成。家兔的间顶骨较小,位于上枕骨的前方中央,前接 1 对顶骨。顶骨、额骨和鼻骨为成对的片状骨。鼻骨较长,其所覆盖的腔为鼻腔,前端的开口为外鼻孔。

③ 底部。底部自后向前依次为基枕骨、基蝶骨、前蝶骨(两侧有翼骨突起)、腭骨、颌骨和前颌骨。三角形的基蝶骨位于基枕骨的前方。前蝶骨细长,位于基蝶骨的前腹面中央。腭骨位于前蝶骨的两侧,前方与颌骨相接。

注意观察骨质次生腭。骨质次生腭是由颌骨和前颌骨与腭骨的突起骨板拼合而成的。在颅底部次生腭后端的开口称为后鼻孔,为鼻腔延伸的通路。骨质次生腭所构成的部分称为硬腭,硬腭后方的口腔顶壁组织沿翼状突起边缘后伸,构成软腭,使鼻通路进一步后延。

④ 侧部。外枕骨前方的一块大型的骨片,称为颞骨。颞骨是由鳞骨、耳囊(构成颞骨的岩状部,在矢状切开的头骨中才能见到)以及鼓骨等所愈合成的复合性骨。

⑤ 下颌骨。下颌骨由单一的齿骨组成,在其升支上有关节面与颞骨相关节。

2. 带骨和肢骨

(1) 肩带和前肢骨骼。肩带由肩胛骨和锁骨组成。前肢骨骼由肱骨、桡骨、尺骨、腕骨、掌骨及指骨组成。

(2) 腰带及后肢骨骼。腰带由髂骨、坐骨和耻骨愈合而成的无名骨构成。后肢骨骼由股骨、胫骨、腓骨、跗骨、跖骨、趾骨组成。胫骨较腓骨大且长。此外,在股骨下端还有一块膝盖骨。

(三) 家兔的内部解剖

处死及解剖的方法:用注射器向兔耳缘静脉注入约 10 mL 空气使之死亡;或用铁嘴罩,罩内先放入浸满乙醚的棉花球,紧紧盖在家兔的口上,一段时间后,家兔会被麻醉致死;或抓住兔的耳或后腿,将其提起,用木棒或其他工具在其延脑处猛击,家兔很快死亡;或将家兔压入水中窒息致死。

将已处死的兔仰卧于解剖盘中,用毛笔或棉花蘸清水润湿腹中线上的毛,然后自泄殖孔稍前处提起皮肤,用剪刀沿腹中线由后向前把皮肤剪开,直抵颌下为止,在颈部将皮肤向左、右横剪到耳根,再用镊子夹住皮肤边缘,用解剖刀划断皮肤和肌肉间的皮下结缔组织,仔细分离皮肤和肌肉。然后沿腹中线剪开腹壁,沿胸骨两侧各 1.5 cm 处用骨钳剪断肋骨,再剪去胸骨。此时可见家兔的胸腹腔由横膈膜分为胸腔和腹腔。观察胸腔和腹腔内各器官的正常位置,再剪开横膈膜边缘及第一肋骨至下颌骨联合的肌肉,使兔颈部及胸、腹腔内的脏器全部暴露。

雌兔的内部结构如图 9-9 所示。

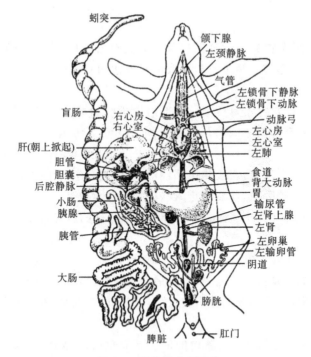

图 9-9 雌兔的内部结构

1. 消化系统

(1) 唾液腺。兔的唾液腺有 4 对，其中有 3 对唾液腺位于颌、颈部的皮下。

① 耳下腺（腮腺）。耳下腺位于耳壳基部腹面前方皮肤下面。将该部位皮肤剪开并清除附近的组织，即可看到一疏松的淡红色不规则腺体，称为耳下腺。腺管横过咬肌的表面穿入上唇，开口于颊部。

② 颌下腺。颌下腺位于下颌的后部中线两侧，为 1 对浅粉红色卵圆形腺体。剪开下颌的皮肤即可看见。颌下腺管从腺体的内侧伸出，在舌下部下颌骨联合处，开口于口腔。

③ 舌下腺。舌下腺位于左、右颌下腺的外上方，形小，淡黄色。腺管常与颌下腺管并行，在下颌联合附近进入口腔。

④ 眶下腺。眶下腺为兔所特有，位于眼窝底部的前下角。切开眼眶下皮肤，剥离结缔组织，即有粉红色眶下腺露出。

(2) 口腔。用解剖剪沿口角将咬肌切断，剪断方骨关节，将下颌后翻，观察口腔内各部。

肉质的上、下唇构成口缘。唇和牙齿之间的空腔称为口前庭。家兔牙齿为槽生异齿型，共 28 枚。门齿发达，上颌 2 对，下颌 1 对；无犬齿；前臼齿和臼齿短而宽，具有磨面,前白齿上颌有 3 对,下颌有 2 对,后白齿上、下颌各有 3 对。齿式为 $\frac{2\cdot0\cdot3\cdot3}{1\cdot0\cdot2\cdot3}$。

口腔顶壁的前部为硬腭,此处的口腔黏膜具有若干横形波棱。口腔顶壁后部为软腭,软腭和硬腭一起构成鼻道。口腔底部有发达的肌肉质舌,其上分布有各种味觉乳头。

(3) 咽。软腭后方的腔为咽部。咽部通向鼻腔的部分为鼻咽管,向前有内鼻孔与鼻腔相通。沿着软腭的中线剪开即可看到一空腔,为鼻咽管。咽后部腹侧有喉门与气管相通,背侧为食道开口,所以消化道与呼吸道在咽部交叉。在喉门上盖有一个半圆形软骨片,为会厌软骨,当食物由咽经喉进入食道时,喉门的会厌软骨紧压住喉门,以防止食物进入呼吸道,使食物进入喉门背面的食道。

(4) 食道。食道位于气管背面,由咽部后行伸入胸腔,穿过横膈膜进入腹腔与胃的贲门部相连。

(5) 胃。胃为食道末端消化道的膨大部分,呈囊状,偏于腹腔左侧,一半为肝脏所覆盖。胃的前端与食道交界处为贲门,后面紧接幽门,幽门后通十二指肠。胃上面的弯曲称为胃小弯,下面的弯曲称为胃大弯。在胃的弯曲部,有一暗红色的条状体的脾脏。

(6) 肠。肠分小肠和大肠。肠道的前段细而盘曲的部分为小肠,小肠自前至后分为十二指肠、空肠、回肠。后段为大肠,分为结肠和直肠。回肠与结肠相连处有一长而粗大、发达的盲管,为盲肠,其表面有一系列横沟纹,游离端细而光滑,称为蚓突。回肠与盲肠相连处膨大形成一厚壁的圆囊,称为圆小囊。直肠末端以肛门开口于体外。

(7) 消化腺。除唾液腺外,还有两种大型消化腺。

① 肝脏。肝脏为体内最大的消化腺,位于横膈膜后、腹腔的上部,暗红色,分左、中、右三叶,反转肝叶,可见深绿色胆囊,胆汁由胆管输入十二指肠内。

② 胰脏。胰脏为散布在十二指肠的弯曲部的不规则的淡黄色腺体,为淋巴器官。

2. 循环系统

(1) 心脏。心脏位于胸腔的前部偏左,下方接膈肌,呈圆锥形,外有心包膜包裹,剪开此膜,心脏即滑出。心脏分左、右两心房和左、右两心室,心脏上方颜色较深、壁较薄的是左、右心房,下方颜色较浅的是左、右心室。在心室表面有一斜行的脂肪状的带,标志着左、右心室的分界。

(2) 动脉系统。动脉系统由右、左心室发出的肺动脉、体动脉弓及其发出的分支动脉组成。

① 左体动脉弓。左体动脉弓是自左心室发出的粗大血管,发出后不久即向前转至左侧再折向后方,从而形成弓形。体动脉弓基部发出冠状动脉,分布于心脏。体动

脉弓向左弯转的弓形处向前发出3支动脉,从右至左分别为无名动脉、左总颈动脉和左锁骨下动脉。

左体动脉弓稍向上伸即向左弯曲走向后方,紧贴背部中线,经过胸部至腹部后端,称为背大动脉。背大动脉经胸腔时分出若干成对的肋间动脉,与肋骨平行分布于胸壁上。进入腹腔后,分出的一支腹腔动脉,分支到胃、肝、脾等器官。在腹腔动脉下方分出的一支前肠系膜动脉,分支到肠及胰脏等,继而分出1对肾动脉出入肾。背大动脉向下继续分出1对生殖腺动脉,分布到左、右生殖腺上。接着分出后肠系膜动脉,分布到结肠和直肠。在背大动脉的后端,左、右分为两支总髂骨动脉,分布到后肢。

② 肺动脉。肺动脉自右心室发出,分成两支分别进入左、右肺。

(3) 静脉系统。静脉汇集全身的静脉血返回心脏,外观上呈暗红色。主要有1对肺静脉、1对前大静脉和1条后大静脉。

① 肺静脉。肺静脉由左、右肺的根部伸出,在背侧入左心房。

② 前大静脉。右心房侧面2支粗大的从上面回来的前大静脉,汇集了锁骨下静脉和总颈静脉的血液。

③ 后大静脉。除了2支从上面回来的前大静脉,在右心房侧面还有1支从下面来的后大静脉,汇集了后肢和内脏各器官的血液,注入右心房。在注入处与左、右前大静脉汇合。后大静脉汇集的血管分支有来自肝脏的肝静脉、来自肾脏的肾静脉、来自生殖腺的生殖腺静脉、来自腰背肌肉的髂腰静脉、来自后肢的总髂骨静脉和肝门静脉(汇集内脏各器官的静脉进入肝脏)。

3. 呼吸系统

呼吸系统包括外鼻孔、鼻腔、内鼻孔、喉、气管、支气管、肺等器官。

自外鼻孔开始,空气通过外鼻孔进入鼻腔,经内鼻孔入咽,经咽进入喉门。将颈部的肌肉除去,暴露出气管和喉头。

(1) 喉头。喉头位于咽的后方,是由若干块软骨构成的腔。间断气管上部,将喉头连同部分气管取下,剥除其上的肌肉和结缔组织,辨认各种软骨。

① 甲状软骨。甲状软骨短而宽,为喉头最大的一对软骨,从两侧和腹面包围着喉头。

② 会厌软骨。会厌软骨位于甲状软骨的上方,是喉头最前端的一块软骨,基部附着于甲状软骨的腹内侧面,从腹面向前端伸出,呈半圆形,其前端游离伸向咽部。吞咽食物时,会厌软骨盖住喉门,以防食物进入气管。

③ 环状软骨。环状软骨呈完整的环形,为喉头的底座,位于甲状软骨后下方,其后即为气管。

④ 杓状软骨。杓状软骨为1对近三角形的软骨,位于喉头背面、环状软骨的前方,在甲状软骨和杓状软骨之间有膜状声带。

(2) 气管和支气管。喉头之后紧接气管,白色、粗大,由许多"C"形的环状软骨和软骨间膜所构成。软骨环背面不完整,紧贴食道。气管向后伸入胸腔,分为左、右支气管而进入肺。气管的上端有2叶红褐色的甲状腺。

（3）肺。肺为粉红色海绵状器官,位于胸腔内、心脏的两侧。

4. 排泄系统

（1）肾脏。肾脏1对,为暗红色的豆状器官,位于腹腔背壁脊柱两侧,借系膜连于背壁上,其内侧凹入,称为肾门,到达肾的动、静脉由此进出。肾脏前端内缘各有一个黄色圆形的肾上腺,属于内分泌腺。

（2）输尿管。由肾门各伸出一条白色细管即输尿管,沿背中线两侧后行,通入膀胱基部。

（3）膀胱。膀胱为梨形的肌肉质囊,可储存尿液,后部缩小通入尿道,尿液由尿道排出。

（4）尿道。雌性的尿道是一条沿阴道腹侧后行的管道,开口于阴道前庭。雄性的尿道兼有排尿和排精的功能,较长,开口于阴茎的末端。

5. 生殖系统

（1）雌性生殖系统。雌性生殖系统由卵巢、输卵管和子宫构成。

卵巢1对,椭圆形,位于腹腔两侧、肾脏的后外方,表面常见一些白色卵泡。卵巢外侧各有一条弯曲的输卵管,前端开口朝向卵巢,呈喇叭状,边缘皱褶成伞状,称为喇叭口。输卵管下行后端的膨大部分为子宫,两侧子宫联合为"V"形。子宫的下方为阴道,阴道向前延续为阴道前庭,膀胱开口在阴道的腹面。阴道口的腹缘有一小突起,为阴蒂。

（2）雄性生殖系统。雄性生殖系统由睾丸、输精管、附睾和阴茎组成。

睾丸1对,白色椭圆形,非生殖期缩藏于腹腔内,生殖期坠落到阴囊中。处于生殖期时,在膀胱背面两侧可观察到白色输精管,沿着输精管可以找到索状粉白色的精索。精索由输精管、生殖动脉、静脉、神经和腹膜褶共同组成。睾丸的背侧有一个袋状隆起,为附睾。由附睾伸出的白色的管即是输精管,输精管经膀胱背面入阴茎通体外。在输精管与膀胱交界处的腹面,有一对鸡冠状的精囊腺。尿道位于阴茎中央,尿道周围有两条富有血管的海绵体。

6. 神经系统

将兔的头骨剪下,除去皮肤及大块肌肉,用10%福尔马林溶液浸泡两昼夜,然后浸泡在10%硝酸中(一周)至骨被软化,用剪刀或镊子自枕骨大孔开始,将头部背面的骨片小心地取下,注意不要插得太深,以免破坏脑膜,移去脑膜,可见脑的各部分。或取兔脑和脊神经的浸制标本进行观察。

（1）大脑。两个大脑半球,前方的圆形小球为嗅球。大脑半球的表层为大脑皮层,内含大量的神经细胞体和无鞘神经纤维,呈灰色。兔脑大脑半球的表面光滑,沟回少,两大脑半球之间有一纵沟,其后端露出间脑的一部分,上面有一椭圆形的松果体。将两大脑半球稍拔开,可见到沟底部有一宽厚的白色结构,称为胼胝体,是连接两半球的神经纤维。

(2) 间脑。间脑被大脑和中脑覆盖,从背面不易看到,可见部分间脑。

(3) 中脑。小心地把大脑半球的后缘稍推向前方就可清楚地看到中脑。中脑体积较小,背面形成前、后 2 对突起,称为四叠体,前 1 对突起称为前丘,为视觉反射中枢,后 1 对称为后丘,为听觉反射中枢。

(4) 小脑。小脑很发达,分 3 部分。中间为蚓部,两侧是小脑半球,小脑半球外侧是小脑卷。小脑的功能是协调身体各部分动作,保持身体正常姿态和平衡。

(5) 延脑。延脑前方被小脑的蚓部后缘遮盖,翻起蚓部可看到在延脑中的第四脑室,第四脑室上面被薄的血管丛所遮盖。延脑之后是脊髓。

(6) 十二对脑神经。

嗅神经（Ⅰ）：位于嗅脑前方,丝状分支。

视神经（Ⅱ）：位于间脑腹面、脑下垂体前方,形成视交叉。

动眼神经（Ⅲ）：位于脑下垂体后方、大脑脚中线两侧,伸至眼球。

滑车神经（Ⅳ）：很小,从中脑侧壁伸出。

三叉神经（Ⅴ）：在脑桥后缘两侧伸出,分布于眼眶壁和上、下颌。

外展神经（Ⅵ）：沿延脑中线向前伸,分布于眼球肌肉上。

面神经（Ⅶ）：位于三叉神经后面,分布于眼眶、口腔等。

听神经（Ⅷ）：位于面神经后面,分布于内耳。

舌咽神经（Ⅸ）：由延脑外侧听神经之后发出,分布于舌肌。

迷走神经（Ⅹ）：位于延脑两侧,紧接在舌神经之后,分布于咽、喉、气管及内脏器官。

副神经（Ⅺ）：位于迷走神经之后,分布于咽喉等处肌肉上。

舌下神经（Ⅻ）：位于延脑腹面中线上,分布于舌肌。

【作业与思考题】

(1) 绘兔的消化系统和泌尿生殖系统简图,并注明主要器官的名称。

(2) 结合家兔的外部形态和内部结构的观察,归纳哺乳类进步性的特征。

模块十　脊椎动物的分类

实验十七　鱼纲的分类

【目的与要求】

（1）通过鱼纲的分类，熟悉鱼类各主要目的特征。

（2）认识常见代表种和有经济价值的种类。

（3）学习鱼纲的分类方法。

【材料与用具】

（1）实验动物和材料：鱼类代表种、经济种的浸制标本。

（2）器材和仪器：解剖盘、解剖器、测量尺。

【方法与步骤】

鱼类的外部形态和结构是鱼类的分类依据之一，因此必须了解有关的术语与测量方法。爱护标本，不得随意破坏；必须观察某些内部结构时，需在教师指导下进行。

（一）鱼类的一般测量和常用术语

1. 鱼类测量术语

全长：自吻端至尾鳍末端的长度。

体长：自吻端至尾鳍基部的长度。

体高：躯干部最高处的垂直高。

头长：由吻端至鳃盖骨后缘（不包括鳃膜）的长度。

躯干长：由鳃盖骨后缘至肛门的长度。

尾长：由肛门至尾鳍基部的长度。

吻长：由上颌前端至眼前缘的长度。

眼径：眼的最大直径。

眼间距：两眼间的直线距离。

口裂长：吻端至口角的长度。

眼后头长：眼后缘至鳃盖骨后缘的长度。

尾柄长：臀鳍基部后端至尾鳍基部的长度。

尾柄高：尾柄最低处的垂直高度。

2. 鱼类鳞式

鳞式：侧线鳞数 $\frac{\text{侧线上鳞数}}{\text{侧线下鳞数}}$

侧线鳞数：从鳃盖上方直达尾部的一条带孔的鳞的数目。

侧线上鳞数：从背鳍起点斜列到侧线鳞的鳞数。
侧线下鳞数：从臀鳍起点斜列到侧线鳞的鳞数。

3. 鱼类鳍式

鳍条和鳍棘：鳍由鳍条和鳍棘组成。鳍条柔软而分节，末端分支的为分支鳍条，末端不分支的为不分支鳍条。鳍棘坚硬，由左、右两半组成的鳍棘为假棘，不能分为左、右两半的鳍棘为真棘。

鳍式：一般用 D 代表背鳍，A 代表臀鳍，C 代表尾鳍，P 代表胸鳍，V 代表腹鳍；用罗马数字表示鳍棘数目，用阿拉伯数字表示鳍条数目；鳍式中的半字线代表鳍棘与鳍条相连，逗号表示分离，罗马数字或阿拉伯数字中间的一字线表示范围。

如鲈鱼鳍式：$DXII,1—13;AIII—7～8;C17;P16～18;V1—5$。

表示鲈鱼有两个背鳍，第一背鳍由 12 根硬棘组成，无软条；第二背鳍包括 1 根硬棘和 13 根软条；臀鳍包括 3 根硬棘和 7～8 根软条；尾鳍包括 17 根软条；胸鳍包括 16～18 根软条；腹鳍包括 1 根硬棘和 5 根软条。

4. 口的位置

硬骨鱼类依口的所在位置和上、下颌的长短，可分为口前位、口下位及口上位。

(1) 口前位——口裂向吻的前方开口，如鲤鱼。

(2) 口下位——口裂向腹面开口，如鲟科的鱼。

(3) 口上位——口裂向上方开口，如翘嘴红鲌。

5. 其他术语

喷水孔：软骨鱼类两眼后方的开孔，与咽相通，为胚胎期第一对鳃裂退化而来。

眼睑和瞬膜：鱼类无真正的眼睑，头部的皮肤通过眼球时，可以变为一层透明的薄膜，鲻鱼的眼睑具有脂肪，称脂眼睑。某些鲨鱼眼周围的皮肤皱褶可形成活动的眼睑，称瞬膜。

鳍脚：软骨鱼类的雄鱼，在腹鳍内侧延长形成的交配器官，有软骨支持。

脂鳍：在背鳍后方的一个无鳍条支持的皮质鳍。

腹棱：指肛门到腹鳍基前腹部中线隆起的棱，或到胸鳍基前的腹部中线隆起的棱，前者称腹棱不完全，后者称腹棱完全。

棱鳞：指某些鱼类的侧线或腹部呈棱状突起的鳞。

腋鳞：胸鳍的上角和腹鳍外侧，有扩大的特殊的鳞片即腋鳞。

尾鳍：硬骨鱼类的尾鳍外形多样，参见教科书有关插图。

(二) 鱼纲分类

1. 板鳃亚纲(Elasmobranchii)

附

板鳃亚纲总目检索表

眼侧位；鳃裂开口于头的两侧；胸鳍正常，与体侧和头不愈合 ··················

………………………………………………………… 鲨形总目（Selachomorpha）
眼上位；鳃裂开口于头的腹面；胸鳍与头和体侧愈合 ……… 鳐形总目（Batomorpha）

鲨形总目检索表

1. 鳃裂6~7个；背鳍1个 ………………………………… 六鳃鲨目（Hexanchiformes）
   鳃裂5个；背鳍2个 …………………………………………………………………… 2
2. 具臀鳍 …………………………………………………………………………………… 3
   无臀鳍 …………………………………………………………………………………… 6
3. 头形钝，背鳍有棘 … 虎鲨目（Heterodontiformes）［虎鲨科（Heterodontidae）］
   头形尖，背鳍无棘 ……………………………………………………………………… 4
4. 眼具瞬膜或瞬褶 …………………………………… 真鲨目（Carcharhiniformes） 8
   眼无瞬膜或瞬褶 ………………………………………………………………………… 5
5. 有口鼻沟，或鼻孔开口于口内 …………………… 须鲨目（Orectolobiformes） 9
   无口鼻沟，鼻孔不开口于口内 ………………………………………………………
   ………………………………… 鲭鲨目（Isuriformes）［鼠鲨目（Lamniformes）］ 10
6. 吻长，呈剑状突出，锯齿状，鳃孔5~6个 …………………………………………
   ………………………………… 锯鲨目（Pristiophoriformes）［锯鲨科（Pristiophoridae）］
   吻较短，不呈剑状突出，鳃孔5个 …………………………………………………… 7
7. 背鳍有棘 …………………………… 角鲨目（Squaliformes）［角鲨科（Squalidae）］
   背鳍无棘，胸鳍膨大，体扁平 ………………………………………………………
   ……………………………… 扁鲨目（Squatiniformes）［扁鲨科（Squatinidae）］
8. 第1背鳍位于腹鳍的背后方，第2背鳍在臀鳍后 ……… 猫鲨科（Scyliorhinidae）
   第1背鳍位于腹鳍的前方 ……………………………………………………………… 11
9. 有口鼻沟，鼻孔位于吻端，具鼻须，第2背鳍在臀鳍前 … 须鲨科（Orectolobidae）
   无口鼻沟和鼻须，鼻孔位于上唇两侧，鳃弓具海绵状鳃耙 …………………………
   …………………………………………………………………… 鲸鲨科（Rhincodontidae）
10. 鳃裂适中，齿大，数少 …………………… 鲭鲨科（Isuridae）［鼠鲨科（Lamnidae）］
    鳃裂甚大，齿小，多列 …………………………………………… 姥鲨科（Cetorhinidae）
11. 尾长适中，歪形，尾柄无侧棱，眼具瞬膜，头形正常 ……………………………… 12
    尾长适中，歪形，尾柄无侧棱，眼具瞬膜，头丁字形 …… 双髻鲨科（Sphyrnidae）
12. 牙细小，多行排列，喷水孔显著 …………………………… 皱唇鲨科（Triakidae）
    牙侧扁而大，1~3行，喷水孔小或无 ……………………… 真鲨科（Carcharhinidae）

扁头哈那鲨（*Notorhynchus platycephalus*），属于六鳃鲨目、六鳃鲨科，体呈长梭形，头部宽扁。每侧有7个鳃孔。尾鳍长，上尾叶窄，下尾叶宽。体背灰色，有黑色小斑点，腹面白色。

锤头双髻鲨（*Sphyrna zygaena*），属于真鲨目、双髻鲨科，眼具有瞬膜或瞬褶。

头部的额骨向左、右两侧突出,似榔头。眼位于头侧突起的两端。喷水孔消失。鼻孔端位。

短吻角鲨(*Squalus brevirostris*),属于角鲨目、角鲨科,背鳍2个,鳃裂5~6个,位于胸鳍基底前方。头宽扁。鼻孔小。喷水孔颇大,肾形。眼中大,长椭圆形,无瞬膜。

附

鳐形总目检索表

1	头与胸鳍间具发电器,体皮平滑 ··· 电鳐目(Torpediniformes) [电鳐科(Torpedinidae)]	
	头与胸鳍间无发电器,体皮不平滑 ··	2
2	体形似鲨,吻延长呈剑状、锯状突出 ··· 锯鳐目(Pristiformes) [锯鳐科(Pristidae)]	
	体躯盘状,吻不呈锯状 ··	3
3	尾短、厚,具尾鳍,无尾刺,背鳍2个 ················· 鳐形目(Rajiformes)	4
	尾细长似鞭(粗大则具尾鳍),具长尾刺,背鳍单个或缺··· 鲼形目(Myliobatiformes)	6
4	体盘似犁头状,胸鳍不伸达吻 ·················· 犁头鳐科(Rhinobatidae)	
	体躯盘状,与尾界限明显,胸鳍伸达于吻 ····································	5
5	尾鳍发达,胸鳍在吻端左右相合并 ··············· 团扇鳐科(Platyrhinidae)	
	尾鳍退化或缺,胸鳍在吻端不相合并 ···················· 鳐科(Rajidae)	
6	胸鳍前部不分化为吻鳍或头鳍,后缘圆凸 ··································	7
	胸鳍前部分化为吻鳍或头鳍,位于头前中部,后缘凹入 ·················	8
7	体盘宽小于体盘长的1.3倍,尾长于体盘宽,无背鳍 ········· 魟科(Dasyatidae)	
	体盘宽超过体盘长的1.5倍,尾长短于体盘宽,背鳍有或无··· 燕魟科(Gymnuridae)	
8	胸鳍前部分化为头鳍,位于头前两侧 ··············· 蝠鲼科(Mobulidae)	
	胸鳍前部分化为吻鳍,位于头前中部 ····································	9
9	上、下颌各7行牙,尾刺有或无 ···················· 鲼科(Myliobatidae)	
	上、下颌各1行牙,具尾刺 ························ 鹞鲼科(Aetobatidae)	

犁头鳐(*Rhinobatos granulatus*),属于鳐形目、犁头鳐科,吻长而平扁,三角形突出。喷水孔较小,位于眼后。鼻孔狭长,距口颇近。口平横,唇褶发达。

赤魟(*Dasyatis akajei*),属于鲼形目,体盘平而阔。吻宽而短,前端钝。无背鳍和臀鳍,腹鳍小。尾细长,呈鞭状,具有尾刺,有毒。

电鳐(*Narcine* sp.),属于电鳐目,体盘圆形,宽大于长。在头侧与胸鳍间具有发达的卵圆形发电器。眼小，突出。喷水孔边缘隆起。腹鳍前角圆钝，背鳍1个，尾鳍宽大。

2. 全头亚纲（Holocephali）

鳃裂4对，外被一膜状鳃盖，后具有一总鳃孔。体表光滑无鳞。背鳍2个，鳍棘能竖立。无喷水孔。胸鳍很大，尾细长。雄性除鳍脚外，另具有一对腹前鳍脚和一个额鳍脚。如黑线银鲛（*Chimaera phantasma*）。

3. 辐鳍亚纲（Actinopterygii）

各鳍有真皮性的辐射状鳍条支持。体被硬鳞、圆鳞或栉鳞，或裸露无鳞。种类极多。

附

辐鳍亚纲主要目检索表

1 体被硬鳞或裸露；尾为歪形尾 ………………………… 鲟形目（Acipenseriformes）
  体被圆鳞、栉鳞或裸露；尾为正形尾 ……………………………………………… 2
2 体呈鳗形 ……………………………………………………………………………… 3
  体非鳗形 ……………………………………………………………………………… 4
3 左、右鳃孔在喉部相连；无偶鳍，奇鳍也不明显 …… 合鳃目（Sgmbranchiformes）
  左、右鳃孔不相连；无腹鳍 ………………………………… 鳗鲡目（Anguilliformes）
4 背鳍无真正的鳍棘 …………………………………………………………………… 5
  背鳍具鳍棘 …………………………………………………………………………… 13
5 腹鳍腹位，背鳍一个 ………………………………………………………………… 6
  腹鳍亚胸位或喉位；背鳍2~3个 ……………………………………………………… 12
6 上颌口缘由前颌骨与上颌骨组成 …………………………………………………… 7
  上颌口缘由前颌骨组成 ……………………………………………………………… 8
7 无脂鳍；无侧线 ………………………………………………… 鲱形目（Clupeiformes）
  有脂鳍；有侧线 ………………………………………………… 鲑形目（Salmoniformes）
8 体无侧线，鼻孔每侧2个，鳍无鳍棘，背鳍1个 …… 鳉形目（Cyprinodontiformes）
  体具侧线 ……………………………………………………………………………… 9
9 侧线位低，沿腹缘后行，腹鳍腹位，背鳍与臀鳍多后位 …………………………………
  …………………………………………………………………… 颌针鱼目（Beloniformes）
  侧线正常，沿体两侧后行 …………………………………………………………… 10
10 两颌无牙，具咽喉齿；无脂鳍，有顶骨和下鳃骨 ……… 鲤形目（Cypriniformes）
   两颌具牙，一般具脂鳍 ……………………………………………………………… 11
11 体被骨板或裸露无鳞；具口须，颌具齿 …………………… 鲶形目（Siluriformes）
   体被圆鳞；无口须，具脂鳍和发光器 ………………… 灯笼鱼目（Myctophiformes）
12 体侧有一银色纵带；腹鳍亚胸位，背鳍2个，第一背鳍由不分支鳍条组成………
   …………………………………………………………………… 银汉鱼目（Atheriniformes）

	体侧无银色纵带;腹鳍亚胸位或喉位;背鳍1~3个 ……… 鳕形目(Gadiformes)
13	胸鳍基部柄状,鳃孔位于胸鳍基部后方 ……………… 鮟鱇目(Lophiiformes)
	胸鳍基部非柄状,鳃孔位于胸鳍基部前方 ………………………………… 14
14	吻延长,通常呈管状,边缘无锯齿状缘 ……… 棘鱼目(Gasterosteiformes)
	吻不延长成管状 …………………………………………………………… 15
15	腹鳍不存在,上颌骨与前颌骨愈合 …………… 鲀形目(Tetradontiformes)
	腹鳍存在,上颌骨不与前颌骨愈合 ………………………………………… 16
16	腹鳍具1个鳍棘,5个以上鳍条 ………………………………………………… 19
	腹鳍具1~17个鳍条 ………………………………………………………… 17
17	颌无牙,体被圆鳞,腹鳍无鳍棘 ………………… 月鱼目(Lampridiformes)
	两颌具牙 …………………………………………………………………… 18
18	尾鳍主鳍条18~19个,臀鳍具3个鳍棘 ………… 金眼鲷目(Beryciformes)
	尾鳍主鳍条10~13个,臀鳍具1~4个鳍棘 …………… 海鲂目(Zeiformes)
19	腹鳍腹位或亚胸位,2个背鳍分离颇远 ………… 鲻形目(Mugiliformes)
	腹鳍胸位,2个背鳍靠近或连接 …………………………………………… 20
20	成体体不对称,两眼位于头的左侧或右侧 ……… 鲽形目(Pleuronectiformes)
	成体体对称,眼在头两侧 …………………………………………………… 21
21	第2眶下骨不后延为一骨突,不与前鳃盖骨相连 ……… 鲈形目(Perciformes)
	第2眶下骨后延为一骨突,与前鳃盖骨相连 ……… 鲉形目(Scorpaeniformes)

鲟形目:体呈纺锤形,口腹位,歪形尾,体裸露或被5行硬鳞,仅尾上具有背鳍。中华鲟(*Acipenser sinensis*)体被5行硬鳞,口前具有4条触须,背鳍位于腹鳍后方,有喷水孔。

鲱形目:背鳍1个,腹鳍腹位,各鳍均无硬棘。体被圆鳞,无侧线。鳓鱼(*Llisha elongata*)体长而宽,很侧扁。腹缘有锯齿状棱鳞。口上位,下颌突出。臀鳍基长,腹很小,偶鳍基部有腋鳞。圆鳞薄而易脱落。鳓鱼为重要的经济鱼类。鲥鱼(*Macrura reevesii*)体呈长椭圆形,腹部有锐利棱鳞。口前位,上颌边缘中央部有显著的缺刻。具有脂眼睑。尾深叉形。腹鳍小,偶鳍基部具有腋鳞。鲥鱼为名贵鱼类。鳀鱼(*Engraulis japonicus*)体细长,腹部圆。无棱鳞,口裂大,上颌长于下颌。腋部有一长鳞,约与胸鳍等长,尾鳍基部每侧有两个大鳞。鳀鱼产于我国沿海,数量十分丰富。凤鲚(*Coilia mystus*)体侧扁而长,向尾端逐渐变细,腹部棱鳞显著。上颌骨后延到胸鳍基部。臀鳍长并与尾鳍相连,胸鳍上部具有6个游离的丝状条。凤鲚为我国名贵鱼类。

鲑形目:体形和特征与鲱形目的相似。常有脂鳍,具有侧线。大麻哈鱼(*Oncorhynchus keta*)口大,口裂斜,齿尖锐。背鳍后具有一脂鳍。吻端突出并微弯曲,头后逐渐隆起,直至背鳍基部。体被小圆鳞,为贵重经济鱼类。香鱼(*Plecoglossus altivelis*)体窄长而侧扁。头小,吻端向下垂,形成吻钩,口闭时,恰置于下颌的凹内。头部无鳞,体上密被细小的圆鳞。侧线发达,脂鳍和臀鳍的后基相对。大银鱼(*Salauc acuticeps*)体细长,半透明,前部圆而后部侧扁。体光滑,仅雄鱼臀鳍基部有一行鳞。臀鳍大,基部长,脂鳍与臀鳍基末端相对。

鳗鲡目:体呈棍棒状,现存种类无腹鳍,鳃孔狭窄,背鳍与臀鳍无棘,很长,常与尾鳍相连。鳗鲡(*Anguilla japonica*)体延长成圆筒状,有胸鳍,奇鳍彼此相连,鳞退化。

鲤形目:背鳍1个,腹鳍腹位。各鳍无真正的棘,具有假棘。体被圆鳞或裸露。鳔有管,具有韦伯氏器。多数种类具有咽齿而无颌齿,多数为淡水鱼类。青鱼(*Mylopharyngodon piceus*)体长而略呈圆筒形,背部、体侧及偶鳍呈青黑色。头部稍扁平。口端位,无触须,下咽齿呈臼齿状。草鱼(*Ctenopharyngodon idellus*)体延长,腹部圆。体呈茶黄色,腹部灰白。咽齿侧扁且具有槽纹,呈梳状。鲢鱼(*Hypophthalmichthys molitrix*)体侧扁,从胸部到肛门之间有发达的腹棱。眼小,位置很低。体呈银白色,无斑纹。下咽齿1行,平扁成勺形。鳃耙呈海绵状并互相连接,鳞小。鳙鱼(*Aristichthys nobilis*)背部体色较暗,具有不规则的黑色斑点。腹棱不完全,仅自腹鳍基部至肛门前,胸鳍大。头大而润,下咽齿1行,鳃耙细密但互不相连,鳞小。鲤鱼(*Cyprinus carpio*)体高而侧扁,腹部圆。背鳍与臀鳍中最长的棘后缘有锯齿。口部有两对触须。下咽齿3行,内侧的齿呈臼齿形。尾鳍深叉形。鲫鱼(*Carassius auratus*)体侧扁,背部隆起且较厚,腹部圆。背鳍与臀鳍中最长的棘后缘有锯齿。口部无触须。下咽齿1行,侧扁。尾鳍分叉浅。团头鲂(*Megalobrama amblycephala*)体侧扁,整体轮廓呈长菱形。腹棱自腹鳍基部至肛门。头短而小,口小,端位。背鳍具有棘而臀鳍无棘。下咽齿3行,齿端呈小钩状。泥鳅(*Misgurnus anguillicaudatus*)体延长呈圆筒形。体侧有不规则的黑色斑点。头小,口下位,口须5对。尾柄侧扁而薄。鳍片细小,深陷皮内。红鳍鲌(*Culter erythropterus*)又称巴刀,体长且侧扁。头背面平直。自胸鳍基部至肛门具有腹棱。口小,上位,口裂几乎与体轴垂直。下咽齿3行,尖端呈钩状。胸鳍长,其末端接近腹鳍。银鲴(*Xenocypris argentea*)体长形,侧扁,腹部圆,仅在肛门前有很短的隆起线。头小,圆锥形。口小,下位,呈"一"字形横裂。下咽齿3行,内行齿侧扁,顶端呈钩状。体背灰黑色,两侧及腹部银白色。

鲇形目:身体裸露无鳞片。有触须数对。一般有脂鳍。胸鳍和背鳍常有一强大的鳍棘。鲇鱼(*Parasilurus asotus*)身体在腹鳍前较圆胖,以后渐侧扁。口大而宽阔。须2对,其中上颌须较长。背鳍甚小,呈丛状,臀鳍长,后端与尾鳍相连。黄颡鱼(*Pseudobagrus fulvidraco*)前部平扁,后部侧扁。口下位,须扁长,4对。体无鳞,侧线平直。背鳍和胸鳍具有强大的棘,其后缘有锯齿,具有脂鳍。

颌针鱼目：胸鳍位置偏于背方，鳍无棘，侧线位低，接近腹部。扁颌针鱼(*Ablennes anastome Ua*)体细长、侧扁，躯干部背、腹缘直，几乎互相平行。口裂甚长，两颌向前延长成喙。圆鳞薄而小，排列不规则。背鳍位于尾部。燕鳐鱼(*Cypselurus rondelltii*)体略呈梭形，吻短，眼大。圆鳞甚大，胸鳍发达，展开时可在水面上滑翔。腹鳍大，尾鳍分叉，下叶较长。体背面青黑色，下部银白色。

鳕形目：体被圆鳞，各鳍均无棘，鳔无管，腹鳍喉位，为渔业的重要捕捞对象。鳕鱼(*Gadus macrocephalus*)体长形，稍侧扁。体被小圆鳞。头大，口前位，颏部有一短须。3个背鳍，2个臀鳍，尾鳍截形。鳕鱼为海洋底栖的肉食性鱼类。

棘鱼目：吻大多延长成管状，口前位。许多种类体被骨板。背鳍、臀鳍及胸鳍鳍条均不分支。背鳍1～2个，第一背鳍常由游离的棘组成。日本海马(*Hippocampus japonicus*)体侧扁，全身被有环状骨板。头与躯干成直角，尾呈四棱形，可卷曲。鳃孔呈裂缝状。无尾鳍，背鳍基部隆起。

鲻形目：体被圆鳞或栉鳞，有2个分离的背鳍，第一背鳍由鳍棘组成，第二背鳍由一棘和若干鳍条组成，腹鳍由一棘和五鳍条组成。鲻鱼(*Mugil cephalus*)体呈长椭圆形。眼大，眼睑发达。臀鳍具有8条分叉的鳍条。体两侧有7条暗色纵条纹。无侧线。鲻鱼为沿海地区的港口养殖对象。

合鳃目：体形似鳗。背、臀、尾鳍连在一起，鳍无棘，无偶鳍。左、右鳃裂移至头的腹面，连在一起成一横缝。黄鳝(*Monopterus albus*)体呈圆筒形，光滑无鳞，体黄褐色。鳃孔在腹面连合为一横裂。无胸鳍及腹鳍，背、臀、尾鳍均退化。黄鳝为常见淡水食用鱼类。

鲈形目：腹鳍胸位或喉位。背鳍2个，第一背鳍通常由鳍棘组成。体被栉鳞，鳔无管。鲈形目主要为海产鱼类，种类繁多。鳜鱼(*Siniperca chuatsi*)体侧扁且背部隆起，体黄褐色有斑点，头大，口大，下颌突出，有锐齿。鳞为栉鳞，腹鳍胸位，背鳍前方有12条硬棘，臀鳍有3条硬棘，鳃盖骨后部有2棘。罗非鱼（非洲鲫鱼）(*Tilapia mossambica*)从外国引进我国，现已成为我国养殖鱼类品种之一。体为长椭圆形，侧扁，被栉鳞，侧线前、后中断为二；受精卵在亲鱼口中孵化。真鲷(*Pagrosomus major*)体呈淡红色，具有斑点，体侧扁，背面隆起度大；头大；上颌前端具有"犬牙"4个，两侧为"臼齿"2列，下颌前具有"犬牙"1个，两侧具有"臼齿"2列。真鲷为名贵鱼类。大黄鱼(*Pseudosciaena crocea*)及小黄鱼(*P. polyactis*)体呈金黄色。体长圆形，颏部有4或6个细孔；头顶有骨棱；背鳍与臀鳍被多行小鳞。耳石很大；二者的区别在于小黄鱼鳞较大，尾柄稍粗短，长为高的2倍多。大黄鱼鳞较小，尾柄长为高的3倍多。带鱼(*Trichiurus haumela*)体银白色，无鳞，体长呈带状，尾部末端为细鞭状。口大，下颌长于上颌；背鳍甚长，臀鳍鳍条退化或由分离的短棘所组成，腹鳍退化。两颌牙齿强大且尖锐。

附

鱼纲常见目、科、种检索表

1. 体被盾鳞;外鳃孔一般为 5~7 对,无鳃盖;雄体有鳍脚;尾为歪尾形;内骨骼为软骨 ·················· 软骨鱼类(Chondrichthyes) 2
   体被硬鳞或骨鳞;外鳃孔仅 1 对,具鳃盖;无鳍脚;尾多为正尾形;内骨骼多为硬骨 ·················· 硬骨鱼类(Osteichthyes) 19
2. 鳃孔 5~7 对,无膜状鳃盖;盾鳞或无鳞 ·················· 板鳃亚纲(Elasmobranchii) 3
   鳃孔 1 对,具膜状鳃盖;无鳞 ·················· 全头亚纲(Holocephali)
   例,黑线银鲛(*Chimaera phantasma*):银鲛目,银鲛科。
3. 体呈纺锤形;眼和鳃孔侧位;胸鳍前缘游离 ·················· 鲨目(Squaliformes) 4
   体呈平扁形;眼背位,鳃孔腹位;胸鳍前缘与体侧及头侧愈合 ·················· 鳐目(Rajiformes) 11
4. 鳃孔 5 对,背鳍 2 个 ·················· 5
   鳃孔 6~7 对,背鳍 1 个 ·················· 六鳃鲨科(Heaxanchidae)
   例,扁头哈那鲨(*Notorhynchus platycephalus*):鳃孔 7 对;头宽扁。
5. 具臀鳍 ·················· 6
   无臀鳍 ·················· 扁鲨科(Squatinidae)
   例,星云扁鲨(*Squatina nebulosa*):体平扁;胸鳍扩大。
6. 背鳍前方无硬棘 ·················· 7
   背鳍前方具 1 硬棘 ·················· 虎鲨科(Heterodontidae)
   例,狭纹虎鲨(*Heterodontus zebra*)。
7. 眼具瞬膜 ·················· 8
   眼无瞬膜 ·················· 9
8. 头形不成"T"形 ·················· 皱唇鲨科(Triakidae)
   例,灰星鲨(*Mustelus griseus*):体无白斑。
   头形成"T"形 ·················· 双髻鲨科(Sphyrnidae)
   例,锤头双髻鲨(*Sphyrna zygaena*):吻端中间圆凸;头侧宽大,前缘波曲。
9. 无鼻口沟 ·················· 鼠鲨科(Lamnidae)
   例,噬人鲨(*Carcharodon carcharias*):前、后牙宽扁,三角形,边缘具细锯齿。
   具鼻口沟 ·················· 须鲨科(Orectolobidae) 10
10. 尾鳍极长,为全长的 1/2 ·················· 豹纹鲨(*Stegostoma fasciatum*)
    尾鳍短于全长的 1/2 ·················· 条纹斑竹鲨(*Chiloscyllium plagiosum*)
11. 头侧与胸鳍间无大型发电器 ·················· 12
    头侧与胸鳍间有大型发电器 ·················· 电鳐科(Torpedinidae)
    例,丁氏双鳍电鳐(*Narcine timlei*):背鳍 2 个;体盘宽比长为大;体无黑色小点。

12	尾部粗大,具尾鳍;背鳍2个;无尾刺 ···	13
	尾部一般细小呈鞭状,尾鳍一般退化或消失,背鳍1个或缺如;常具尾刺 ······	16
13	腹鳍正常,前部不分化为足趾状结构 ··	14
	腹鳍前部分化为足趾状结构 ··· 鳐科(Rajidae)	
	例,孔鳐(*Raja porosa*):背鳍2个,尾具3~5纵行结刺。	
14	体盘中大,犁形;胸鳍前延,不伸达吻端 ················ 犁头鳐科(Rhinobatidae)	15
	体盘宽大,团扇形;胸鳍前延,伸达吻端 ················ 团扇鳐科(Platyrhinidae)	
	例,中国团扇鳐(*Platyrhina sinensis*):背部和尾部正中具一纵行结刺。	
15	头上和背部正中具一行粗大的结刺 ············ 颗粒犁头鳐(*Scobatus granulatus*)	
	头上和背上无粗大的结刺 ······················· 许氏犁头鳐(*Rhinobatos schlegeli*)	
16	胸鳍前部不分化为吻鳍或头鳍,后缘圆凸;无背鳍 ······ 魟科(Dasyatidae)	17
	胸鳍前部分化为吻鳍或头鳍,后缘凹入;背鳍1个 ····································	18
17	口底无乳突,吻延长,尖突 ······························ 尖嘴魟(*Dasyatis zugei*)	
	口底中部具乳突3个;吻中长,稍尖突 ················ 赤魟(*Dasyatis akajei*)	
18	胸鳍前部分化为吻鳍,吻鳍1个,位于头前中部 ······ 鲼科(Myliobatidae)	
	例,花点无刺鲼(*Aetomylaeus maculatus*):无尾刺;体盘上散布白色斑点。	
	胸鳍前部分化为头鳍,位于头前两侧 ···················· 蝠鲼科(Mobulidae)	
	例,日本蝠鲼(*Mobula japonica*):口下位;具尾刺。	
19	体被骨鳞或裸露;尾一般为正形尾 ··	21
	体被硬鳞或裸露;尾一般为歪形尾 ············· 鲟形目(Acipenseriformes)	20
20	体具5列骨板;口前吻须4条 ····························· 鲟科(Acipenseridae)	
	例,中华鲟(*Acipenser sinensis*)。	
	体裸露,仅尾鳍上叶具棘状硬鳞;口前吻须2条 ······ 匙吻鲟科(Polyodontidae)	
	例,白鲟(*Psephurus gladius*)。	
21	体呈鳗形 ··	22
	体不呈鳗形 ··	23
22	左、右鳃孔在腹面相连;胸鳍不发达,体裸出 ········ 合鳃目(Synbranchiformes)	
	例,黄鳝科(Synbranchidae):黄鳝(*Monopterus albus*)。	
	左、右鳃孔分离,胸鳍发达,体被细鳞或裸露 ············ 鳗鲡目(Anguilliformes)	
	例,鳗鲡科(Anguillidae):体被鳞,排列呈席纹状。	
	鳗鲡(*Anguilla japonica*)。	
23	上颌骨通常不与前颌骨牢固相连;牙不愈合为2个或4个;无气囊 ···············	29
	上颌骨通常与前颌骨愈合为骨喙;牙常愈合为2或4个;淡水生活的通常具气囊 ··· 鲀形目(Tetraodontiformes)	24
24	无腹鳍;背鳍无鳍棘 ··	26
	有腹鳍;背鳍及腹鳍有鳍棘 ···	25

25	左、右腹鳍各有一大鳍棘 ································	三刺鲀科(Triacanthidae)

例，短吻三刺鲀(*Triccanthus brevirostris*)：吻部背面平直；背鳍鳍棘间的鳍膜全为黑色；第一背鳍仅第一鳍棘粗大。

左、右腹鳍仅共有一个短鳍棘 ································ 革鲀科(Aluteridae)

例，马面鲀(*Navodon septentrionalis*)：无须；体被绒状小鳞；体侧无黑斑。

26	体被小刺或裸露 ···	27
	体被骨板，形成体甲 ·····································	箱鲀科(Ostraciontidae)

例，双峰三棱箱鲀(*Tetrosomus concatenatus*)：体甲为三棱状，背中棱顶端有2枚小型的棘状鳞。

27	体一般亚圆筒形；尾柄和尾鳍发达 ························	28
	体甚侧扁，后端截形；无尾柄和尾鳍 ······················	翻车鱼科(Molidae)

例，翻车鱼(*Mola mola*)：尾鳍后缘有波状凹刻。

28	上、下齿板都有中央缝；体光滑或具小刺 ················	鲀科(Tetraodontidae)

例，虫纹东方鲀(*Fugu vermicularis*)：鼻孔2个；尾鳍截形；背部紫褐色，尾鳍黄色。

上、下齿板无中央缝；体被长棘 ·························· 刺鲀科(Diodontidae)

例，六斑刺鲀(*Diodon holacanthus*)：背面有6个大黑斑。

29	两眼在头部的两侧，左右对称 ····························	37
	两眼在头部的一侧，左右不对称 ·························	鲽形目(Pleuronectiformes) 30
30	无眼侧鼻孔较近头背缘，左右不对称；口常前位 ··········	31
	无眼侧鼻孔位较低，左右近似对称；口前位到下位 ········	36
31	两眼均位于头左侧 ··	35
	两眼均位于头右侧 ··	鲽科(Pleuronectidae) 32
32	口小；盲侧两颌及牙较发达 ······························	33
	口稍大；两颌两侧牙相似 ································	高眼鲽(*Cleisthenes herzensteini*)
33	牙尖小，牙群为带状 ····································	角木叶鲽(*Pleuronichthys cornutus*)
	牙锥状或门牙状，1~2行 ································	34
34	头背缘在上眼上方无凹刻 ·······	钝吻黄盖鲽(*Pseudopleuronectes yokohamae*)
	头背缘在上眼上方有一深凹刻 ································
	··············· 尖吻黄盖鲽(*Pseudopleuronectes herzensteini*)	
35	腹鳍甚短，近似对称；两侧侧线发达 ····················	牙鲆科(Paralichthyidae)

例，褐牙鲆(*Paralichthys olivaceus*)：两颌牙为大犬牙状。

腹鳍不对称；常仅有眼侧侧线发达 ······················ 鲆科(Bothidae)

例，大鳞短额鲆(*Engyprosopon grandisquama*)：尾鳍上、下缘第3~4鳍条间有一黑斑。

36	眼位于头右侧 ··	鳎科(Soleidae)

例，带纹条鳎(*Zebrias zebra*)：尾鳍连背、臀鳍；有眼；具黑色横带。
　　 眼位于头左侧 ·· 舌鳎科(Cynoglossidae)
　　 例，半滑舌鳎(*Cynoglossus semilaevis*)：有眼侧侧线3条，无大褐斑。

37　第一背鳍特化为吸盘或垂钓状 ····································· 38
　　 第一背鳍不特化为吸盘或垂钓状 ··································· 40

38　第一背鳍特化为吸盘 ·· 䲟形目(Echeneiformes)
　　 例，䲟科(Echeneidae)：䲟(*Echeneis naucrates*)。
　　 第一背鳍鳍棘特化为垂钓状 ································ 鮟鱇目(Lophiiformes)　39

39　具假鳃；体平扁 ·· 鮟鱇科(Lophiidae)
　　 例，黄鮟鱇(*Lophius litulon*)：臀鳍黑色。
　　 无假鳃；体显著平扁 ·· 蝙蝠鱼科(Ogcocephalidae)
　　 例，棘茄鱼(*Halieutaea stellata*)：体具硬棘，口位于头前下缘。

40　体鳞正常或裸露，吻不呈管状 ······································ 41
　　 体鳞特化为环状骨板或小型骨片，吻呈管状 ········· 海龙目(Syngnathiformes)
　　 例，海龙科(Syngnathidae)：每侧2鼻孔；通常具1背鳍；体被以环状骨片。
　　 尖海龙(*Syngnathus acus*)：具尾鳍。
　　 日本海马(*Hippocampus japonicus*)：无尾鳍；体轴与头成一直角。

41　腹部不具锐利的棱鳞；有侧线 ······································ 46
　　 腹部通常具锐利的棱鳞；无侧线或发育不完全 ······ 鲱形目(Clupeiformes)　42

42　口裂达于眼的前方或下方 ·· 鲱科(Clupeidae)　43
　　 口裂达于眼的后方 ·· 鳀科(Engraulidae)
　　 例，凤鲚(*Coilia mystus*)：胸鳍上部具6游离鳍条；尾部延长；尾鳍与臀鳍相连。

43　臀鳍条15～18条 ·· 44
　　 臀鳍条44～52条 ·· 鳓鱼(*Ilisha elongata*)

44　口前位 ·· 45
　　 口下位 ·· 斑鰶(*Clupanodon punctatus*)

45　上颌中间无显著的缺口 ·· 鲱(*Clupanodon harengus*)
　　 上颌中间有显著的缺口 ·· 鲥(*Macrura reevesi*)

46　各鳍均无鳍棘，或背、臀、胸鳍仅有1骨化的硬刺 ···················· 56
　　 第一背鳍存在时，由鳍棘组成，臀鳍与腹鳍或有鳍棘
　　 ·· 鲈形目(Perciformes)　47

47　左、右腹鳍不显著接近，也不愈合为吸盘 ···························· 48
　　 左、右腹鳍极接近，愈合成一吸盘 ······························ 弹涂鱼科(Periophthalmidae)
　　 例，弹涂鱼(*Periophthalmus cantonensis*)：眼突出于头的背缘，下眼睑发达。

48　体不延长呈带状，有尾鳍 ·· 49
　　 体延长呈带状，无尾鳍 ·· 带鱼科(Trichiuridae)

例，带鱼(*Trichiurus haumela*)。

49 体呈纺锤形或稍侧扁 ·· 50
　体很侧扁，体高起或很高，呈菱形或卵圆形 ·············· 鲳科(Stromateidae)
　例，银鲳(*Pampus argenteus*)；无腹鳍。
50 上颌骨不固着于前颌骨 ··· 51
　上颌骨固着于前颌骨 ·· 55
51 臀鳍鳍棘3枚，稀2枚或无棘 ······················· 鮨科(Serranidae) 52
　臀鳍鳍棘1~2枚，无3枚；耳石发达 ············ 石首鱼科(Sciaenidae) 54
52 尾鳍圆形；体被圆鳞 ··· 53
　尾鳍叉状；体被栉鳞 ······························· 花鲈(*Lateolabrax japonicus*)
53 间鳃盖骨下缘无锯齿 ································· 鳜(*Siniperca chuatsi*)
　间鳃盖骨下缘一般具弱锯齿 ····················· 斑鳜(*Siniperca scherzeri*)
54 尾柄长为尾柄高的3倍多 ···················· 大黄鱼(*Pseudosciaena crocea*)
　尾柄长为尾柄高的2倍多 ··················· 小黄鱼(*Pseudosciaena polyactis*)
55 尾柄两侧只具2个小隆起嵴，而无中央隆起嵴 ············ 鲭科(Scombridae)
　例，鲐(*Pneumatophorus japonicus*)：体圆棱形；体侧下部无小斑点。
　尾柄两侧有1中央隆起嵴，在其上、下各有1个小隆起嵴 ······ 鲅科(Cybiidae)
　例，蓝点马鲛(*Scomberomorus niphonius*)：体背部蓝褐色，体侧散布有不规则的黑色或斑点。
56 各鳍均无硬刺；无韦伯氏器 ·· 67
　背、臀、胸鳍或有1骨化的硬刺；具韦伯氏器 ······ 鲤形目(Cypriniformes) 57
57 两颌多无牙 ·· 59
　两颌有牙 ·· 58
58 背鳍短小或不存在；须1~3对 ······························· 鲶科(Siluridae)
　例，鲶(*Pangasianodon gigas*)：无脂鳍；胸鳍有硬刺，前缘有明显锯齿；须2对。
　背鳍很长；须4对 ·································· 胡子鲶科(Clariidae)
　例，胡子鲶(*Clarias batrachus*)。
59 口前吻部无须或有1~2对口须 ······················ 鲤科(Cyprinidae) 60
　口前吻部具3~5对口须 ····························· 鳅科(Cobitidae)
　例，泥鳅(*Misgurnus anguillicaudatus*)：须5对，鳞细小。
60 眼的位置偏在头纵轴的上方；左、右鳃膜各与颊部相连 ···················· 62
　眼的位置稍偏在头纵轴的下方；左、右鳃膜彼此连接而不与颊部相连 ······ 61
61 腹棱不完全，仅存在于腹鳍基部至肛门之间 ··········· 鳙(*Aristichthys nobilis*)
　腹棱完全，存在于胸鳍基部下方至肛门间的整个腹部 ·························
　·· 鲢(*Hypophthalmichthys molitrix*)
62 臀鳍无硬刺，如果有，则背鳍硬刺的后缘光滑无锯齿 ······················ 64

	臀鳍和背鳍皆具有后缘带锯齿的硬刺 ··· 63
63	具口须 2 对；下咽齿 3 行 ···································· 鲤（*Cyprinus carpio*）
	无须；下咽齿 1 行 ·· 鲫（*Carassius auratus*）
64	背鳍无硬刺；无腹棱；体不高呈菱形 ·· 65
	背鳍具硬刺；腹棱自腹鳍至肛门；体高，略呈菱形 ······································
	·· 团头鲂（*Megalobrama amblycephala*）
65	下颌的前端无任何突起 ·· 66
	下颌的前端有一角质突起 ································ 鳡（*Elopichthys bambusa*）
66	体呈青黑色，鳍呈黑色；下咽齿 1 行 ············ 青鱼（*Mylopharyngodon piceus*）
	体呈黄绿色，鳍呈浅灰黄色，下咽齿 2 行 ······ 草鱼（*Ctenopharyngodon idellus*）
67	无脂鳍 ··· 69
	通常具脂鳍 ··· 鲑形目（Salmoniformes） 68
68	体白色透明而细长；头扁平；体裸露 ··················· 银鱼科（Salangidae）
	例，大银鱼（*Protosalanx hyalocranius*）。
	体不为白色透明；头侧扁；体被小鳞 ···················· 鲑科（Salmonidae）
	例，大麻哈鱼（*Oncorhynchus keta*）；牙发达；尾鳍叉形；雄体吻略如钩状。
69	背鳍 1 个，腹鳍腹位或胸位 ·· 70
	背鳍 2～3 个，腹鳍喉位，具有 1 颏须 ············· 鳕形目（Gadiformes）
	例，大头鳕（*Gadus macrocephalus*），背鳍 3 个。
70	腹鳍腹位，头部裸出，侧线位低，无鳃上器官 ·········· 颌针鱼目（Beloniformes）
	例，颌针鱼科（Belonidae）；两颌延长呈喙状。
	尖嘴扁颌针鱼（*Ablennes anastomella*）；尾柄侧扁，体侧无暗色横带。
	腹鳍亚胸位；头部被鳞，侧线正常，有鳃上器官 ··· 鳢形目（Ophiocephaliformes）
	例，乌鳢（*Channa argus*）；尾基有 2～3 条弧形横斑，由眼到胸鳍基部的一条黑纹特别明显。

（三）常见代表种、经济种的认识

记录全部浸制标本的名称和分类地位。

【作业与思考题】

(1) 写出所观察鱼类标本的名录，选择其中 10 种试编写检索表。

(2) 编写所观察到的鲤形目中代表鱼类的检索表。

实验十八　两栖动物及爬行动物的分类

【目的与要求】

(1) 了解和掌握不同类型的两栖动物和爬行动物分类时的常用术语和检索方

法,以及一些重要科的主要特征。

(2) 认识常见的、有经济价值的种类。

(3) 学习使用检索表进行分类鉴定的方法。

【材料与用具】

(1) 实验动物和材料:两栖类、爬行类的浸制标本。

(2) 器材和仪器:扩大镜、卡尺、卷尺、二脚规、镊子、解剖盘。

【方法与步骤】

(一) 术语解释

1. 无尾两栖类

体长:自吻端至体末端的长度。

头长:自吻端至颌关节后缘的长度。

头宽:左、右颌关节间的距离。

吻长:自吻端至眼前角的长度。

鼻间距:左、右鼻孔间的距离。

眼间距:左、右上眼睑内缘之间的最窄距离。

上眼睑宽:上眼睑最宽处。

眼径:眼纵长距。

鼓膜宽:鼓膜的最大直径。

前臂手长:自肘后至第三指末端的长度。

腿全长:自体后正中至第四趾末端的长度。

胫长:胫部两端间的距离。

足长:自内跖突近端至第四趾末端的长度。

2. 有尾两栖类

体长:自吻端至尾末端的长度。

头长:自吻端至颈褶的长度。

吻长:自吻端至眼前角的长度。

眼径:与体轴平行的眼径长。

尾长:自肛门后缘至尾末端的长度。

尾高:尾最高处的距离。

头宽:左、右颈褶的直线距离(或头后宽处)。

肋沟:躯干部体侧,相当于两肋骨之间形成的凹痕,从体表可见。

唇褶:颌缘皮肤肌肉组织的突出部分,明显掩盖口裂。一般存在于上颌后半部或口角,掩盖其对应的下颌缘。

颈褶:颈部侧面及腹面皮肤的皱褶,一般作为划分头部与躯干部的分界。

3. 龟鳖类

1) 背甲

(1) 背甲的盾片。

椎盾:背甲正中的一列盾片,一般为 5 枚。

颈盾:椎盾前方,嵌于左、右缘盾之间的一枚小盾片。

肋盾:椎盾两侧的两列宽大盾片,一般左、右各 4 枚。

缘盾:背甲边缘的两列较小盾片,一般左、右各 12 枚。背甲后缘正中的一对缘盾一般又称为臀盾。

(2) 背甲骨板。

椎板:中央一列称椎板,一般为 8 块。

颈板:相当于颈盾部位的一块骨板。

臀板:椎板之后,通常有 1~3 枚,由前至后分别称为第一上臀板、第二上臀板和臀板。

缘板:背甲边缘的两列骨板称缘板,一般左、右各 11 块,鳖科没有缘板。许多海龟类的肋板与缘板不相连,其间形成空隙,称肋缘窗。

2) 腹甲

(1) 腹甲的盾片。一般有呈左右对称的 6 对盾片,由前至后依次为:喉盾、肱盾、胸盾、腹盾、股盾、肛盾。

(2) 腹甲的骨板。腹甲的骨板由 9 块组成,除内板为单块,其余 8 块均成对,由前至后依次为:上板、内板、舌板、下板、剑板。

3) 甲桥

甲桥为腹甲的舌板及下板伸长与背甲以韧带或骨缝相连的部分。此处外层的盾片还可能有下面几种。

腑盾:面对腑凹的一枚小盾片。

胯盾:面对胯凹的一枚小盾片,又称鼠蹊盾。

下缘盾:如平胸龟科及海龟科,在腹甲的胸盾、腹盾与背甲的缘盾之间的几枚小盾片。

4. 蜥蜴类

(1) 头部背面由前到后的大鳞片。

吻鳞:吻端中央的单片大鳞。

上鼻鳞:紧接吻鳞后方,左、右鼻鳞之间的成对鳞片;有的种类无此鳞片。

额鼻鳞:吻鳞正后方的单枚鳞片,在少数种类中是成对的。

前额鳞:额鼻鳞后方的一对大鳞,彼此相接或分离,或多于一对,或为单。

额鳞:两眼之间的一枚长形大鳞,在额鼻鳞的正后方。

眶上鳞:额鳞与额顶鳞两侧的对称长鳞,位于眼眶上方,一般为 2~4 对,也有 5 对的。

额顶鳞:紧接额鳞后的一对大鳞。

顶间鳞:额顶鳞与顶鳞之间的一枚大鳞,如有顶眼时,常位于此鳞上。

顶鳞:额顶鳞之后的一对大鳞。

颈鳞:顶鳞后方一至数对宽大的鳞片,大于其后的背鳞。

(2) 头部两侧由前到后的鳞片。

鼻鳞:鼻孔周围的鳞片。

上唇鳞:吻鳞之后,沿上颌唇的鳞片。

后鼻鳞:鼻鳞后方的小鳞,通常不存在。

颊鳞:鼻鳞或后鼻鳞之后的 1~2 枚鳞片。

上睫鳞:眶上鳞外缘的一排小鳞。

颞鳞:位于眼后颞部、在顶鳞和上唇鳞之间的鳞片,有的较大,并按一定顺序前后排列,相应的称为前颞鳞和后颞鳞,也有未分化出颞鳞的。

(3) 头部腹面的主要鳞片。

颏鳞:下颌前端正中央的一枚大鳞,与吻鳞对应。

后颏鳞:颏鳞正后方不成左右对称的鳞片,前后排列,或单枚或缺如。

下唇鳞:自颏鳞之后,沿下颌唇缘的鳞片。

颔(颌)片:又称下颔鳞,为颏鳞(后颏鳞)后方左右对称排列的大鳞,位于下唇鳞内侧,通常有 2~4 对。

枕鳞:或有或无,有时为顶间鳞后的一枚小鳞。

(4) 鳞片的类型及其他结构。

方鳞:身体腹面近于方形的大鳞(如蜥蜴)。

圆鳞:身体背、腹面近于圆形的大鳞(如石龙子)。

粒鳞:鳞小而略圆,平铺排列(如壁虎)。

疣鳞:分布在粒鳞间的粗大疣状鳞(如壁虎)。

棱鳞:鳞片上面具有突起的纵棱者(如草蜥的背鳞)。

锥鳞:鳞耸立呈锥状(如长鬣蜥头两侧后方的大鳞)。

鬣鳞:位于颈背中央,呈一纵行竖立侧扁的鳞片(如鬣蜥科)。

鼠蹊窝:在鼠蹊部的部分鳞片上的小窝,一至数对(如草蜥)。

股窝:在股部腹面部分鳞片上的小窝,由几对到几十对排列成行(如蜡皮蜥)。

5. 蛇类

1) 头部的鳞片

(1) 头背的鳞片。

吻鳞:位于吻端正中的一枚鳞片。

鼻间鳞:介于左、右两枚鼻鳞之间,正常一对,少数缺如。

前额鳞:正常一对,位于鼻间鳞后方,但有的种类仅一枚(后棱蛇属),有的则有两枚以上(滇西蛇等)。

额鳞：介于左、右眶上鳞之间的鳞片，一枚，略呈龟甲形。

顶鳞：正常一对。闪鳞蛇属为前、后两对，在四枚顶鳞的中央嵌有一枚顶间鳞。

枕鳞：顶鳞正后方的一对大鳞片，仅眼镜王蛇才有此鳞片。

(2) 头侧的鳞片。

鼻鳞：鼻孔穿透的鳞片，位于吻两侧，左、右各一。

颊鳞：介于鼻鳞与眶前鳞之间的较小鳞片，通常一枚。

眶前鳞：位于眼眶前缘，一至数枚。

眶上鳞：位于眼眶上缘。

眶后鳞：位于眼眶后缘，一至数枚。如没有时，则颞鳞入眶。

颞鳞：眶后鳞之后，介于顶鳞和上唇鳞间，一般可分为前、后两列或三列，其数目可以用式表示，如1+2，即表示前颞鳞1枚，后颞鳞2枚。

上唇鳞：吻鳞之后，沿上颌唇缘的鳞片。

(3) 头部腹面的鳞片。

颏鳞：下颌前缘正中的一枚鳞片，略呈三角形，位置与吻鳞的相对应。

下唇鳞：下颌两侧唇缘的鳞片。

颏(颔)片：颏鳞之后，左、右下唇鳞之间的成对的窄长的鳞片；一般为2对，分别称为前颏片和后颏片。左、右颏片之间的鳞沟，称为颏沟。

眶下鳞：多数种类没有，由部分上唇鳞参与构成眼眶下缘。

颊窝：鼻孔与眼之间的深窝，仅蝮蛇类有。

2) 躯干部的鳞片

腹鳞：躯干的腹面，肛鳞之前、正中的一行较大的鳞片。其大小或数目有鉴别意义。

肛鳞：紧覆于肛孔之外的鳞片，纵分为两片，或者为完整的一片。

背鳞：被覆躯干部的鳞片，除腹鳞和肛鳞外，统称背鳞。

3) 尾部的鳞片

尾下鳞：一般为双行，左右交错排列，其数目以对数计算，但尾尖一枚成单。少数为单行(如环蛇属)，还有个别种类(如眼镜王蛇)单行与双行变化不定。

(二) 两栖纲动物检索表

附

两栖纲分目检索表

1　无四肢，体长圆柱状，颇似蚯蚓，体表有由皮肤褶皱形成的环纹(横环沟)，沟内一般有一排下陷细鳞，尾极短 …………………………………… 无足目(Apoda)

例，我国仅有一科即蚓螈科(Caecilidae)，现有两种纪录即双带鱼螈(*Ichthyophis glutinosus*)和版纳鱼螈(*I. bannanica*)。

有四肢，或至少有前肢，绝无细鳞 …………………………………………………… 2

2 成体四肢较短小；有明显颈部；躯干细长；有发达且侧扁的尾 ·················
·· 有尾目(Caudata)
成体四肢发达，后肢一般较前肢显著发达；无颈部；躯干宽短；成体无尾 ··········
·· 无尾目(Anura)

有尾目分科、属检索表

1 眼小，无眼睑；犁骨齿一长列，与上颌齿平行成弧形；沿体侧有纵肤褶 ···············
·· 大鲵科(隐鳃鲵科)(Cryptobranchidae)
例，我国仅有一科一种，即大鲵(娃娃鱼)(*Megalobatrachus davidianus*)。
眼稍大，具有眼睑；犁骨齿不与上颌齿平行，呈长弧形；沿体侧无纵肤褶 ········ 2
2 犁骨齿或为两短列或呈"V"形 ··· 小鲵科(Hynobiidae)
例，共有五属，我国主要有中国小鲵(*Hynobius chinensis*)、东北小鲵(*H. leechii*)、极北小鲵(*H. keyserlingii*)等。
犁骨齿呈"八"形 ··· 蝾螈科(Salamandridae) 3
3 头部背侧有骨质或腺质嵴棱；皮肤极粗糙，背面有瘰粒 ·························· 4
头部背侧无嵴棱；皮肤光滑，或有细痣粒 ··· 5
4 头侧骨质嵴棱显著；体侧瘰疣密集，构成14～16个结节状疣突，或瘰疣连续隆起成行 ·· 疣螈属(*Tylototriton*)
头侧有腺质嵴棱；背面瘰粒分散均匀，无成行排列的瘰疣；腹面有斑点 ···········
·· 瘰螈属(*Trituroides*)
5 皮肤光滑；背脊不隆起；全长150 mm左右，体浑圆 ········ 肥螈属(*Pachytriton*)
周身皮肤光滑；背脊略隆起 ·· 蝾螈属(*Cynops*)

无尾目分科检索表

1 舌呈盘状，周围与口腔黏膜相连，不能自如伸出 ······ 盘舌蟾科(Discoglossidae)
舌不呈盘状，舌端游离，能自如伸出 ·· 2
2 肩带弧胸型 ·· 3
肩带固胸型 ·· 5
3 上颌无齿；趾端不膨大；趾间具蹼；耳后腺存在；体表具疣 ··· 蟾蜍科(Bufonidae)
上颌具齿 ··· 4
4 趾端尖细，不具黏盘；耳后腺存在 ······························ 锄足蟾科(Pelobatidae)
趾端膨大，呈黏盘状；指趾末两节间有间介软骨；上颌有齿；无耳后腺 ···········
··· 雨蛙科(Hylidae)
5 上颌无齿；趾间几无蹼；鼓膜不明显 ······················· 姬蛙科(Microhylidae)
上颌具齿；趾间有蹼；鼓膜明显 ··· 6

6 趾端形直；指(趾)末两节无间介软骨 ················· 蛙科(Ranidae)
  指(趾)末两节间有间介软骨，一般在指(趾)末节背面可看到"Y"形骨迹 ········
  ··· 树蛙科(Rhacophoridae)

无尾目分种检索表

1 舌为盘状，周围与口腔粘膜相连，舌后端不游离 ······ 盘舌蟾科(Discoglossidae)
  例，我国仅有铃蟾属(Bombina)一属，广西仅有分布于大瑶山的强婚刺铃蟾(Bombina fortinuptialis)一种。
  舌不呈盘状，舌后端游离 ·· 2
2 上颌无齿 ·· 3
  上颌有齿 ·· 5
3 口裂大 ·· 4
  口裂小，胯部一般浑圆 ························· 姬蛙科(Microhylidae)   31
4 耳后腺不显著，趾间蹼不发达，雄性胸部有两对扁平腺体 ············
  ·· 胸腺齿突蟾(Scutiger glandulatus)
  耳后腺显著，趾间蹼较发达，雄性胸部无腺体 ········ 蟾蜍科(Bufonidae)   9
5 瞳孔纵立，趾间蹼不发达，外侧跖间亦无蹼 ········ 锄足蟾科(Pelobatidae)   6
  瞳孔不纵立，趾间蹼及外侧跖间的蹼一般均发达 ································ 11
6 吻宽圆且极扁平，背面皮肤有网状细肤棱，雄性上颌缘有角质刺 ···············
  ··· 瑶山髭蟾(Vibrissaphora yaoshanensis)
  吻不十分扁平，背面皮肤光滑或有分散的肤棱，雄性上颌缘无角质刺 ······   7
7 吻宽圆，上眼睑外缘有若干内质锥状疣 ······ 宽头大角蟾(Megophrys carinensis)
  吻不显著宽圆，上眼睑外缘无内质锥状疣 ··· 8
8 吻棱棱角状，吻部显著突出于下颌 ················· 小角蟾(Megophrys minor)
  吻棱不显著，吻部不显著突出，雄性胸部有一对黑刺团 ······························
  ·· 秉志齿蟾(Oreolalax pingii)
9 头部有黑色骨质棱 ······························· 黑眶蟾蜍(Bufo melanostictus)
  头部无黑色骨质棱 ··· 10
10 背部花斑醒目，雄性有内声囊 ························ 花背蟾蜍(Bufo raddei)
   背部无花斑，雄性无声囊 ························ 中华大蟾蜍(Bufo gargarizans)
11 生活时背部为一致的绿色，体侧及股前、后方有黑圆斑点 ···························
   ·· 雨蛙科(Hylidae)   12
   生活时背部不为一致的绿色，如为绿色者，则体侧及股前、后方无黑圆斑点 ··· 13
12 颞褶较厚，颞部无细黑线纹 ························ 华西雨蛙(Hyla annectans)
   颞褶较细，颞部鼓膜的上、下方有细黑线纹 ········ 中国雨蛙(Hyla chinensis)
   颞较细、体侧及股前、后无黑圆斑点，但体侧自眼后至肛部有一枚醒目的发亮的

	乳黄色细线纹 ………………………………… 昭平雨蛙(*Hyla zhaopingensis*)
13	第四指极短小,为第三指长的 1/4～1/3
	………………………………… 云南小狭口蛙(*Calluella yunnanensis*)
	第四指大,为第三指长的 1/2 左右……………………………………… 14
14	趾端不膨大成吸盘状,趾末端无马蹄形横沟 ………… 蛙科(Ranidae) 15
	趾端膨大成吸盘状,吸盘边缘成马蹄形横沟,趾端如不膨大,其末端也有横沟…
	………………………………………………………………………… 24
15	指(趾)端尖细,舌窄长,舌后端尖而薄 ………… 尖舌浮蛙(*Ooeidozyga lima*)
	指(趾)端不尖细,舌椭圆形,舌后端有缺刻,或深或浅 ………………… 16
16	无背侧褶 …………………………………………………………… 17
	有背侧褶 …………………………………………………………… 21
17	犁骨齿缺如或极弱,后肢短,胫跗关节只达肩部 …… 倭蛙(*Nanorana pleskei*)
	犁骨齿较发达,胫跗关节一般超过肩部……………………………… 18
18	体长不超过 60 mm,上、下唇缘有 4～5 条纵纹 ……… 泽蛙(*Rana limnocharis*)
	体长超过 60 mm,一般在 100 mm 左右 ……………………………… 19
19	指(趾)端钝圆,不成圆球状,雄性腹面无黑刺
	………………………………………… 虎纹蛙(*Rana tigrina rugulosa*)
	指(趾)端膨大成圆球状,雄性腹面有大黑刺 ………………………… 20
20	雄性胸部及腹部布满大黑刺 ………………… 棘腹蛙(*Rana boulengeri*)
	雄性仅胸部有黑刺 ……………………………… 棘胸蛙(*Rana spinosa*)
21	眼间距很窄,短于上眼睑之宽,鼓膜部无黑色三角斑 ………………… 22
	眼间距不短于上眼睑之宽,鼓膜部有黑色三角斑 …………………… 23
22	沿股后方有两条深浅相间的纵纹,雄性有内声囊
	………………………………… 金线蛙指名亚种(*Rana plancyi plancyi*)
	股后方无纵纹,而只有几条横纹,雄性有外声囊
	………………………………………… 黑斑蛙(*Rana nigromaculata*)
23	背侧褶细直,在颞部不作曲折状
	………………………………… 日本林蛙指名亚种(*Rana japonica japonica*)
	背侧褶在颞部作曲折状 ………… 中国林蛙(*Rana temporaria chensinensis*)
24	趾端不显著膨大,末端有横沟 ………………… 沼蛙(*Rana guentheri*)
	趾端膨大,吸盘显著……………………………………………………… 25
25	趾末端的吸盘背面无"Y"形骨迹 ………………… 蛙科(Ranidae) 26
	趾末端的吸盘背面有"Y"形骨迹(侧条小树蛙的不显著) ………………
	……………………………………………… 树蛙科(Rhacophoridae) 28
26	背部有斑点状花纹 ………………………………………………… 27
	背部棕色,无斑点状花纹 ………………… 崇安湍蛙(*Amolops chunganensis*)

27	鼓膜清晰且较大,犁骨齿强,雄性有外声囊 …………	花臭蛙(*Rana schmackeri*)
	鼓膜不清晰,犁骨齿弱,雄性无声囊 …………	四川湍蛙(*Staurois mantzorum*)
28	体长不超过 30 mm,体侧有一对浅色纵纹 …	侧条小树蛙(*Philautus vittayus*)
	体长超过 30 mm,"Y"形骨迹极清晰 …………	29
29	指间无蹼,股后缘有网状斑纹 …………	斑腿树蛙(*Rhacophorus leucomystax*)
	指间蹼发达,股后缘无网状斑纹 …………	30
30	四肢外缘及肛后方有肤褶,蹼基部黑色 ……………………………………………	黑蹼树蛙(*Rhacophorus reinwardtii*)
	四肢及肛后方无肤褶,蹼基部无黑斑 …………	大树蛙(*Rhacophorus dennysi*)
31	吻端远突出于下颌,背部皮肤密布小疣粒 ………… 花细狭口蛙指名亚种(*Kalophrynus pleurostigma interlineatus*)	
	吻端不突出于下颌,背部皮肤较光滑 …………	32
32	体粗肥,皮肤厚,雄性腹面有大片腺体 …………	33
	体形较小,皮肤薄,雄性腹面无大片腺体 …………	34
33	背部无"∧"形纹,指末端钝圆 …………	北方狭口蛙(*Kaloula borealis*)
	背部有"∧"形纹,指末端平切成方形 …………………………… 花狭口蛙指名亚种(*Kaloula pulchra pulchra*)	
34	背部有若干重叠相套的"∧"形纹,趾半蹼 ………	花姬蛙(*Microhyla pulchra*)
	背部斑纹有略对称的"∧"形纹,趾蹼极不发达 ……………………………	饰纹姬蛙(*Microhyla ornata*)

(三) 爬行纲动物检索表

附

龟鳖目检索表

1	四肢有爪 …………………………………………………	2
	四肢无爪,背甲具七条纵棱 …………	棱皮龟(*Dermochelys coriacea*)
2	四肢桨状;指(趾)并合,具 1~2 爪 …………	3
	四肢不为桨形;指(趾)分界明晰,具 4~5 爪 …………	5
3	肋盾四对 …………………………………………………	4
	肋盾五对或多对 …………	蠵龟(*Caretta caretta*)
4	前额鳞一对;背甲盾片镶嵌排列,上颌无钩曲 …………	海龟(*Chelonia mydas*)
	前额鳞一对;背甲盾片除极老个体外,呈覆瓦状排列;上颌钩曲 ………………………… 玳瑁(*Eretmochelys imbricata*)	
5	背腹甲表面被角质盾片 ………………………………	6
	背腹甲表面被革质皮肤 ………………………………	16

6	腹盾与缘盾间具下缘盾；头（大）尾（长）不能缩入壳内 ··· 平胸龟（*Platysternon megacephalum*）

6 腹盾与缘盾间具下缘盾；头（大）尾（长）不能缩入壳内 ·· 平胸龟（*Platysternon megacephalum*）
  腹盾与缘盾间无下缘盾 ·· 7

7 四肢较平扁，趾间具蹼，头顶前部平滑 ·· 8
  四肢略成圆柱状，趾间无蹼，均具四爪；头顶前部具对称的大鳞 ·· 四爪陆龟（*Testudo horsfieldi*）

8 腹甲与背甲借韧带组织相连 ·· 9
  腹甲与背甲直接相连，其间无韧带组织 ··· 10

9 胸盾与腹盾腹甲间有明显的韧带组织；腹甲前、后都可以活动，头、尾及四肢缩入壳内后，腹甲可完全闭合于背甲 ··· 14
  胸盾与腹盾腹甲间韧带组织不发达；腹甲前半略可活动，背腹甲不能完全闭合；背甲后缘呈锯齿状 ··· 锯缘摄龟（*Cyclemys mouhotii*）

10 背甲前、后缘均呈较深锯齿状 ····································· 地龟（*Geoemyda spengleri*）
   背甲边缘不呈锯齿状 ··· 11

11 头顶后部平滑 ·· 12
   头顶后部皮肤呈细粒状或细鳞状 ··· 13

12 头侧及颈部具多数黄色纵纹，喉部不为黄色 ············· 花龟（*Ocadia sinensis*）
   头侧及颈部具多数黄色纵纹，喉部为黄色 ········· 黄喉水龟（*Clemmys mutica*）

13 头较小，头宽不及背甲宽的1/4 ·························· 乌龟（*Chinemys reevesii*）
   头甚大，头宽几达背甲的1/2 ·············· 大头乌龟（*Chinemys megalocephala*）

14 背甲扁，具3条纵线，腹甲后缘有明显缺刻 ···三线闭壳龟（*Cuora trifasciata*）
   背甲较隆起，腹甲后缘圆或微缺 ·· 15

15 吻端与上颌呈一直线斜向后方；上喙口缘有一明显钩曲；肛盾单枚，其上有一纵行盾沟，占肛盾长度的一半左右 ············ 黄缘闭壳龟（*Cuora flavomarginata*）
   吻端突出于上颌之前；上喙口缘平直；肛盾单枚，其上平滑无盾沟 ·· 海南闭壳龟（*Cuora hainanensis*）

16 吻突极短，不到眼径的一半 ······················· 鼋（*Pelochelys bibroni*）
   吻突较长，约等于眼径 ··· 17

17 颈基部两侧各有一团大瘰疣；背甲前缘有一排明显粗大的疣粒 ·· 山瑞鳖（*Trionyx steindachneri*）
   颈基部两侧无大瘰疣；背甲前缘无明显疣粒 ············· 鳖（*Trionyx sinensis*）

蜥蜴目检索表

1 头部背面无对称排列的大鳞 ·· 2
  头部背面有对称排列的大鳞 ·· 7

2 趾端膨大，无活动眼睑 ··· 壁虎科（*Gekkonidae*） 3

	趾端不膨大,具活动眼睑 ·· 4
3	体形大,成体全长在 200 mm 以上,吻鳞不达鼻孔 ·······································
	·· 大壁虎(蛤蚧)(*Gekko gecko*)
	体形中等,成体全长在 200 mm 以下,吻鳞达鼻孔 ···
	·· 无蹼壁虎(*Gekko swinhonis*)
4	体全长达 1 m 以上,背鳞颗粒状;舌很长,前端深分叉 ········· 巨蜥科(Varanidae)
	例,我国仅有一种,即巨蜥(*Varanus salvator*),分布于云南、广东、海南及广西南部。
	体全长 1 m 以下,背鳞不呈颗粒状;舌较短,前端微有缺刻或略分叉 ············ 5
5	尾背面有由大鳞形成的两行纵嵴 ···································· 鳄蜥科(Shinisauridae)
	例,鳄蜥仅有鳄蜥属一属、独种,即分布在广西大瑶山一带山中的鳄蜥(*Shinisaurus crocodilurus*)。
	尾背面没有或仅有一行纵嵴 ································· 鬣蜥科(Agamidae) 6
6	体尾侧扁,均具发达的鬣鳞,股窝 4～6 对 ··· 长鬣蜥(*Physignathus cocincinus*)
	体尾背腹扁平,无鬣鳞,股窝 13～18 对 ············ 蜡皮蜥(*Leiolepis belliana*)
7	无四肢 ··· 蛇蜥科(Anguidae)
	有四肢 ·· 8
8	腹鳞圆形,呈覆瓦状排列,无股窝或鼠蹊窝 ············· 石龙子科(Scincidae) 9
	腹鳞方形,纵横成行,有股窝或鼠蹊窝 ··················· 蜥蜴科(Lacertidae) 10
9	有上鼻鳞,后颊鳞一片 ································· 蓝尾石龙子(*Eumeces elegans*)
	有上鼻鳞,后颊鳞两片 ······································ 石龙子(*Eumeces chinensis*)
10	背面具起棱的大鳞片 4 行 ································ 南草蜥(*Takydromus sexlineatus*)
	背面具起棱的大鳞片 5～10 行 ················· 北草蜥(*Takydromus septentrionalis*)

蛇目检索表

1	上颌无齿,眼不发达,通身被以细鳞,形状似蚯蚓,体一般较小,各部分界不明显 ··· 盲蛇科(Typhlopidae)
	上、下颌均有齿,眼明显,体型中等大或较大,腹面正中一般有一行较大的腹鳞,身体各部分界较明显 ·· 2
2	上颌骨平置,不可竖起,无毒牙,如有毒牙则为较短的沟牙 ······························ 3
	上颌骨非平置,可以竖起,具毒牙,为长的管牙(管牙类) ······························ 18
3	无毒牙或后端的颌齿形成有毒的沟牙 ·· 4
	有毒牙,其有毒的沟牙位于其他齿的前端(前沟牙类) ······················· 13
4	腹面肛前有一对爪状的后肢遗迹;头顶后部被有许多不规则的小鳞片 ············ ··· 蟒科(Boidae)
	例:我国仅产 1 种,即蟒蛇(*Python molurus bivittatus*)。

	腹面无后肢遗迹；头顶被以大而整齐的鳞片 ··	5
5	额鳞的直后方为一枚大的单块的顶间鳞,顶间鳞在四枚顶鳞之间,体鳞通身 15 行 ··· 闪鳞蛇科(Xenopeltidae)	
	额鳞的直后方与成对的顶鳞相接触 ·················· 游蛇科(Colubridae)	6
6	无颊鳞和鼻间鳞 ···················· 钝尾两头蛇(*Calamaria septentrionalis*)	
	有颊鳞和鼻间鳞 ··	7
7	具有两枚或两枚以上的颊鳞 ··	8
	颊鳞仅具一枚或缺 ··	9
8	颈部鳞列为 21 或 19 行,身体中部 17 行,肛前 14 行 ··· 滑鼠蛇(*Ptyas mucosus*)	
	颈部鳞列为 17 或 15 行,身体中部 13 行或 15 行,肛前 11 行 ··· 灰鼠蛇(*Ptyas korros*)	
9	背鳞行数为奇数,不成斜行,背鳞平滑,或在体后的中央少数几行具微棱,体背面有 60 条以上的红色窄横纹；上颌有 2 个以上的无齿区 ··· 赤链蛇(*Dinodon rufozonatum*)	
	背鳞行数多为偶数,成斜行排列；上颌齿没有无齿区 ·················	10
10	背、腹面有明显的环纹,有时在背面的不明显或缺 ·················	11
	背、腹面无环纹 ··	12
11	一般仅有一枚上唇鳞入眶；腹面的环纹间为红色 ··· 水赤链蛇(*Natrix annularis*)	
	有两枚上唇鳞入眶；腹面有黑色横斑 ············· 乌游蛇(*Natrix percarinata*)	
12	全身鳞列 15 行,背面纯绿色,下颌、咽喉部及腹面黄绿色 ··· 翠青蛇(*Eurypholis major*)	
	全身鳞列超过 15 行,躯干部背面前段有黑色梯纹,后段两侧形成明显的黑纵纹延至尾末端；尾部腹面两侧另有两条黑色纵纹；头侧眼后各有一较短的黑色纵纹 ··· 黑眉锦蛇(*Elaphe taeniura*)	
13	尾圆形 ·· 眼镜蛇科(Elapidae)	15
	尾侧扁 ·· 海蛇科(Hydrophiidae)	14
14	前颞鳞正常 2 枚；头橄榄色或淡黄色 ······ 青环海蛇(*Hydrophis cyanocinctus*)	
	前颞鳞正常 1 枚；头黑色,具黄色斑 ··· 黑头海蛇(*Hydrophis melanocephalus*)	
15	背鳞扩大,尾下鳞单行 ··	16
	背鳞不扩大,尾下鳞全部或大部双行,颈鳞多,颈部能扩大 ·················	17
16	体上黑环纹与黄环纹相间围绕周身,两色环纹的宽度大致相等,背鳞明显起棱呈脊,尾端钝圆 ··· 金环蛇(*Bungarus fasciatus*)	
	体上背面黑白环纹相间,但白色环纹较窄,腹面白色,背鳞不明显起棱,尾端尖细 ··· 银环蛇(*Bungarus multicintus*)	

17 顶鳞后有一对大枕鳞,尾下鳞部分双行,部分单行 ……………………………………
　　　　　　　　　　　　　　　　　　　　眼镜王蛇(*Ophiophagus hannah*)
　　顶鳞后无枕鳞,体中段背鳞一般为21行,间或19行,尾下鳞全为双行…………
　　　　　　　　　　　　　　　　　　　　眼镜蛇(*Naja naja*)

18 无颊窝 ……………………………………………………… 蝰蛇科(Viperidae)　19
　　有颊窝 ………………………………………………………… 蝮亚科(Crotalinae)　20

19 头部具大型对称的鳞片;头部白色,有浅褐色斑纹,躯尾背面紫蓝色,有朱红色横
　　斑 ………………………………………………………………… 白头蝰(*Azemiops feae*)
　　头部背面均为起棱的小鳞;背面棕褐色,有三行较大的圆斑,圆斑边缘为深棕色
　　到紫褐色,中央色较淡,背正中圆斑之间尚有一对略呈三角形的黑斑 …………
　　　　　　　　　　　　　　　　　　　　　　　　蝰蛇(*Vipera russelli*)

20 头背具大型对称的鳞片 ……………………………………………………………… 21
　　头背满布细鳞,头呈三角形 ………………………………………………………… 22

21 吻鳞及鼻间鳞形成一短而翘向前上方的突起,体背面有方形花纹……………………
　　　　　　　　　　　　　　　　　尖吻蝮(五步蛇)(*Deinagkistrodon acutus*)
　　吻鳞正常,鼻间鳞窄长,外缘尖细且斜向外后方,呈逗点状 ………………………
　　　　　　　　　　　　　　　　　　　　蝮蛇(*Agkistrodon brevicaudus brevicaudus*)

22 体背以绿色为主 ……………………………………………………………………… 23
　　体背不以绿色为主 …………………………………………………………………… 24

23 鼻鳞和第一上唇鳞愈合或有不完整的鳞沟,上唇黄白色 …………………………
　　　　　　　　　　　　　　　　　　　　白唇竹叶青(*Trimeresurus albolabris*)
　　鼻鳞和第一上唇鳞之间有完整的鳞沟,最外侧的背鳞往往形成红色、白色纵纹……
　　　　　　　　　　　　　　　　　　　　竹叶青(*Trimeresurus stejnegeri*)

24 体色草绿,杂以黄色、红色及黑色斑点,红色斑点在背正中形成一行较大的斑块,
　　产于较高山区的个体,黑色斑点较显著 ……………………………………………
　　　　　　　　　　　　　　　　　　　　菜花烙铁头(*Trimeresurus jerdonii*)
　　头较短,吻钝圆;左、右两眶上鳞之间的一横排上有6～10枚小鳞;背面两行黑褐
　　色斑块略呈方形 ……………………………… 山烙铁头(*Trimeresurus monticola*)
　　头较窄长,吻较窄;左、右两眶上鳞之间一横排上有10～18枚小鳞;背面斑块不
　　呈方形 ……………………………………… 烙铁头(*Trimeresurus mucrosquamatus*)

【作业与思考题】

(1) 每人测量一种两栖动物或爬行动物并做好记录。
(2) 试编制本地区常见两栖动物的检索表。
(3) 列表记录所观察的爬行类标本的名称、主要形态特征和分类地位。

实验十九　鸟类的分类

【目的与要求】

(1) 了解鸟类的主要类群及其特征。
(2) 认识本地常见种类以及有重要经济价值的鸟类。
(3) 掌握鸟类的分类方法,学习检索表的使用和简易检索表的制作。

【材料与用具】

(1) 实验动物和材料:有关鸟类剥制标本和陈列标本。
(2) 器材和仪器:卡尺、卷尺和放大镜。

【方法与步骤】

爱护实验标本,应轻拿轻放,不要扯动翅膀、腿等。

(一) 相关术语

1. 常用鸟体测量术语

全长:自嘴端至尾端的长度(是未经剥制前的量度)。
嘴峰长:自嘴基生羽处至上喙先端的直线距离。
翼长:自翼角(腕关节)至最长飞羽先端的直线距离。
尾长:自尾羽基部至最长尾羽末端的长度。
跗跖长:自跗中关节的中点至跗跖与中趾关节前面最下方的整片鳞下缘的长度。
体重:标本采集后所称量的质量。

2. 有关分类术语

1) 翼

飞羽:初级飞羽(着生于掌骨和指骨)、次级飞羽(着生于尺骨)、三级飞羽(为最内侧的飞羽,着生于肱骨)。

覆羽(覆于翼的表、里两面):初级覆羽、次级覆羽(分大、中、小3种)。

小翼羽:位于翼角处。

2) 后肢(股、胫、跗跖及趾等部)

(1) 跗跖部:位于胫部与趾部之间,或被羽,或着生鳞片。根据形状,鳞片可分为以下几种。①盾状鳞,呈横鳞状。②网状鳞,呈网眼状。③靴状鳞,呈整片状。

(2) 趾部:通常为4趾,依其排列的不同,可分为以下几种类型。①不等趾型(常态足),3趾向前,1趾向后。②对趾型,第2、3趾向前,1、4趾向后。③异趾型,第3、4趾向前,1、2趾向后。④转趾型,与不等趾型相似,但第4趾可转向后。⑤并趾型,似常态足,但前3趾的基部并连。⑥前趾型,4趾均向前方。

(3) 蹼:大多数水禽及涉禽具有蹼,可分为以下几种类型。①蹼足,前趾间具有发达的蹼膜。②凹蹼足,与蹼足相似,但蹼膜向内凹入。③全蹼足,4趾间均有蹼膜相连。④半蹼足,蹼退化,仅在趾间基部存留。⑤瓣蹼足,趾两侧附有叶状蹼膜。

(二)鸟类的分类检索

附

我国常见鸟类分目检索表

1	脚适于游泳;蹼较发达 ……………………………………………………	2
	脚适于步行;蹼不发达或缺 ………………………………………………	5
2	趾间具全蹼 …………………………………… 鹈形目(Pelecaniformes)	
	趾间不具全蹼 ………………………………………………………………	3
3	嘴通常平扁,先端具嘴甲;雄性具交接器 ……… 雁形目(Anseriformes)	
	嘴不平扁;雄性不具交接器 ………………………………………………	4
4	翅尖长;尾羽正常;趾不具瓣蹼 ………………… 鸥形目(Lariformes)	
	翅短圆;尾羽甚短;前趾具瓣蹼 ……………… 䴙䴘目(Podicipediformes)	
5	颈和脚均较短;胫全被羽;无蹼 ……………………………………………	8
	颈和脚均较长;胫的下部裸出;蹼不发达 ………………………………	6
6	后趾发达,与前趾在同一平面上;眼先裸出 …… 鹳形目(Ciconiiformes)	
	后趾不发达或完全退化,存在时位置较其他趾稍高;眼先常被羽 ………	7
7	翅大都短圆,第1枚初级飞羽较第2枚短;趾间无蹼,有时具瓣蹼 ……	
	………………………………………………… 鹤形目(Gruiformes)	
	翅大都形尖,第1枚初级飞羽较第2枚为长或等长(麦鸡属例外);趾间蹼不发达	
	或缺 …………………………………………… 鸻形目(Charadriiformes)	
8	嘴爪均特强锐而弯曲;嘴基具蜡膜 …………………………………………	9
	嘴爪平直或稍曲;嘴基不具蜡膜(鸽形目例外) …………………………	10
9	蜡膜裸出;两眼侧位;外趾不能反转(鹗属例外);尾脂腺被羽 …………	
	………………………………………………… 隼形目(Falconiformes)	
	膜被硬须掩盖;两眼向前;外趾能反转;尾脂腺裸出 ……… 鸮形目(Strigiformes)	
10	3趾向前,1趾向后(后趾有时缺少);各趾彼此分离(除极少数外)…………	15
	趾不具上列特征 ……………………………………………………………	11
11	足大都呈前趾型;嘴短阔而平扁;无嘴须 ……… 雨燕目(Apodiformes)	
	足不呈前趾型;嘴强直而不平扁(夜鹰目例外),常具嘴须 ………………	12
12	足呈对趾型 …………………………………………………………………	13
	足不呈对趾型 ………………………………………………………………	14
13	嘴强直呈凿状;尾羽通常坚挺尖出 ……………… 鴷形目(Piciformes)	
	嘴端稍曲,不呈凿状;尾羽正常 ………………… 鹃形目(Cuculiformes)	
14	嘴长或强直,或细而稍曲;鼻不呈管状;中爪不具栉缘 ……………………	
	………………………………………………… 佛法僧目(Coraciiformes)	

|嘴短阔；鼻通常呈管状；中爪具栉缘 ………………… 夜鹰目(Caprimulgiformes)
15 嘴基柔软，被以蜡膜；嘴端膨大而具角质(沙鸡属例外)…………………………
……………………………………………………………… 鸽形目(Columbiformes)
嘴全被角质，嘴基无蜡膜………………………………………………………… 16
16 后爪不较其他趾的爪为长；雄鸟常具距突 ……………… 鸡形目(Galliformes)
后爪较其他趾的爪为长；无距突 ………………………… 雀形目(Passeriformes)

(三) 代表种类的观察

依实验室准备的我国常见鸟类或经济鸟类标本，逐一观察各目鸟类和代表种。常见各目代表鸟类的特征描述如下。

1. 䴙䴘目

小䴙䴘(*Podiceps ruficollis*)：体羽灰褐色，体小形似鸭，尾几乎没有，四趾具有宽阔的瓣蹼，又称水葫芦。

2. 鹈形目

斑嘴鹈鹕(*Pelecanus roseus*)：体型甚大，嘴扁平，喉囊大，直达嘴的全长。体为白色。

鸬鹚(*Phalacrocorax carbo*)：又称鱼鹰，全身黑色，肩和翼具有青铜色金属光泽，繁殖期头部杂有白毛。

3. 鹳形目

苍鹭(*Ardea cinerea*)：大型鸟类，头、颈白色，有辫状的黑羽冠，体羽大致呈淡灰色，腹部白色，带有黑色细纵斑。前颈具有2～3条黑色纵线。

池鹭(*Ardea bacchus*)：中等鸟类，头部、枕部羽冠、颈均为栗红色，上背和肩羽铅褐色，呈蓑状，其余体羽为白色。冬羽，头、颈为淡黄色，具有褐色纵斑，背部棕褐色，翼羽微现浅棕色。眼周裸出，呈黄绿色。

白鹭(*Egretta garzetta*)：体型似池鹭大小，全身白色，生殖期在枕部垂有长翎2枚，嘴黑色。

白鹳(*Ciconia boyciana*)：大型鸟类，体长约1 200 mm，全身几乎全白，肩羽、翼上大复羽、初级飞羽及复羽呈灰黑色，眼周及颊部裸区呈红色；嘴黑色；腿、脚红色。

4. 雁形目

绿头鸭(*Anas platyrhynchos*)：雌雄异色，雄鸭头、颈暗绿色，并带有金属光泽，颈下部有白环，胸部栗色，背部棕灰色，有虫样斑纹。翼镜暗蓝色或紫色，上下有白边。雌体棕褐色。

豆雁(*Anser fabalis*)：上体褐色，羽毛大多具有浅色羽缘，尾上复羽部分白色，下体白色，嘴黑色，先端有黄斑，嘴比头短，腿与脚橙黄色。

鸳鸯(*Aix galericulata*)：羽毛华丽，雄者具有赤铜色羽冠，两翼有黄褐色帆羽竖立。

5. 隼形目

鸢（*Milvus korschun*）：体长约为 620 mm，全身大部褐色，翼下各具有一白斑，尾羽土褐色，呈叉状。

红脚隼（*Falco vespertinus*）：小型猛禽，雄鸟背羽灰色，翼下复羽白色，腿、脚红色。雌鸟稍大，下体多斑纹，脚、脚黄色。

6. 鸡形目

雉鸡（*Phasianus colchicus*）：又称环颈雉，体长约 900 mm，雄鸟具有紫绿色颈部，颈下有一显著的白环。体羽华丽，尾羽具有横斑。雌鸟体羽不鲜艳，不具有颈环，背多为灰色。尾羽较长，具有栗、黑相间的横纹。

白鹇（*Lophura nycthemera*）：又称寒鸡，体长约 1 100 mm。头上的冠羽及下体全部灰蓝色；上体与两翼、尾均白色，布满整齐的"V"状黑纹。头的裸出部分及脚均为赤红色。雌鸟体羽毛以棕黑色为主。

红腹锦鸡（*Chrysolophus pictus*）：又称金鸡，体长约为 1 000 mm。头上具有金黄色丝状羽冠，覆盖颈上；脸、颏、喉锈红色。后颈有橙棕色具蓝黑色边的扇状羽，形成披肩状。背、腰部为金黄色，腹为深红色。尾羽长、尾上复羽端部也为红色。雌鸟体羽以棕褐色为主，花纹暗。

黄腹角雉（*Tragopan caboti*）：又称角鸡，体长约 620 mm。体羽华丽。额、颈黑色，后冠和颈暗红色，上体均呈棕黄色、砖红色与黑色相杂状，各羽具有眼状斑。下体为纯棕黄色。头上有一对钴蓝色的角突，喉部有帷状肉裾，其花纹颜色十分夺目。雌雉和幼雉体羽十分暗淡，主要以暗灰褐色为主，是国家一级保护动物。

7. 鹤形目

丹顶鹤（*Grus japonensis*）：体形高大，体羽大部分为白色，喉、颈的大部分为暗褐色，次级、三级飞羽为黑色。头顶皮肤裸露，呈朱红色，似肉冠状，故称丹顶鹤。

骨顶鸡（*Fulica atra*）：又称白骨顶，全身羽毛近黑色，嘴和前额白色，趾具有瓣蹼。

白胸秧鸡（*Amaurornis phoenicurus*）：又称苦恶鸟，体形较小，体长约 290 mm。上体、两翅及背部为暗棕黑色，前额、头侧及胸、腹均为白色，脚为黄绿色。

黄脚三趾鹑（*Turnix tanki*）：小型鸟类，体似鹌鹑，体长约 160 mm，足仅具有三趾、黄色。胸棕黄色且具有黑褐色圆点斑，嘴为黄褐色，是一种迁飞鸟类。

8. 鸻形目

金眶鸻（*Charadrius dubius*）：小型涉禽，嘴基有一环带，头顶、眼先、眼下缘到耳区，以及围绕上背、上胸的环带均为黑色。上体灰褐色，下体白色。

针尾沙锥（*Capella stenura*）：小型涉禽。背、肩黑色，有棕色、黄色斑纹，背两侧各连成一条长斑，下体为白色。有尾羽 26 枚，每侧边有 8 枚尾羽细如触须，且短。嘴长约 56 mm，先端黑。

白腰草鹬（*Tringa ochropus*）：体长约为 230 mm，上体黑栗色且布满灰白色斑点,尾上复羽及下体均为白色。体侧有黑褐色斑纹。脚和趾均为蓝绿色。

9. 鸥形目

黑尾鸥(*Larus crassirostris*):体长约 485 mm,背、腰以及两翼的复羽及内侧飞羽均为灰色,外侧飞羽黑褐色。尾羽白色,但具有一道宽阔的黑色近端斑。余下的体羽均为白色。嘴黄绿色具有红端。脚、趾绿黄色,爪黑色。

银鸥(*Larus argentatus*):大型鸟,体长约 660 mm。背、腰以及两翼的复羽和内侧飞羽为深灰色。内侧初级飞羽的近端部黑褐色。头胸、腹均为白色。嘴角、趾均为粉红色,爪黑色。

10. 鸽形目

山斑鸠(*Streptopelia orientalis*):体以棕色、蓝灰色为主,额和头顶蓝灰色,后颈有葡萄红色。在颈基部两侧各具有块斑状的黑羽,各羽缘为鲜灰蓝色,十分醒目。

珠颈斑鸠(*Streptopelia chinensis*):体形较山斑鸠的为小,体羽以灰褐色为主。后颈有黑羽半圈,形似围巾,其上杂以白色、棕色斑点,犹如珍珠,故得名。

火斑鸠(*Oenopopelia tranquebarica*):体形更小,体长约为 240 mm,体羽以葡萄红色为主,头和后颈灰蓝色,在颈基部有黑色半圈,呈领状。

11. 鹃形目

四声杜鹃(*Cuculus micropterus*):体长约 330 mm,雄鸟头、颈灰色,上体余部及尾、翅的表面为浓褐色,羽缘白色,尾具有一道宽阔的近端黑斑,先端白色。下体以白色和黑褐色的横斑相间。下嘴基部和口角处带黄色,脚、趾均黄色。叫声为四声一次。

大杜鹃(*Cuculus canorus*):体形较四声杜鹃的稍大,尾部无近端黑斑;羽缘白色且杂以褐斑;下体白色且杂以黑褐色横斑,横斑细狭,其宽度仅为 1~2 mm,彼此相距为 4~5 mm,比四声杜鹃的为窄。叫声为二声一度,又称布谷鸟。

红翅凤头鹃(*Clamator coromandus*):体长约 420 mm,额、头侧黑色,有蓝黑色的羽冠,后颈上有一道白带。背部颜色由暗绿色转为蓝黑色,两翼的外侧表面为栗红色,胸为棕色,下腹部白色。眼睛红褐色。

小鸦鹃(*Centropus toulou*):又叫小毛鸡,头至下体全为黑色且具有蓝色反光,两翼为栗色,两翼下复羽为淡棕色。嘴、脚为黑色。

12. 鸮形目

草鸮(*Tyto capensis*):面盘灰棕色,呈心脏形,上下缘还缀以黑褐色边,酷似猴脸,故又称猴面鹰。背面为黑褐色,具有棕色或白色小点;胸腹部色淡,布以褐色小点。

长耳鸮(*Asio otus*):面盘显著,耳羽十分发达,体背橙黄色,具有褐色纵纹及杂斑;胸腹部也有黑褐色纵纹。

鸺鹠(*Glaucidium cuculoides*):体形较小,体长约为 260 mm,面盘不显著,耳羽缺。身体大部分为暗褐色且密布狭细棕白色横斑;下腹为白色,布以褐色纵纹。

13. 夜鹰目

夜鹰(*Caprimulgus indicus*)：体褐色，杂以灰黑色、黑褐色虫蠹状斑纹。下喉部有一块白色领斑，尾羽具有若干红棕色横斑及一个较大的近端斑；雌体色基本相似，但翼和尾上无白斑，停息在树上时身体长轴与树干平行，故称贴树皮，吃大量蚊子，又称蚊母鸟。

14. 佛法僧目

小翠鸟(*Alcedo pusilla*)：体长仅 150 mm，尾羽短，喙强直而尖。喉白色，背羽翠蓝色，胸部为栗褐色，脚和趾为橘红色。

白胸翡翠(*Halcyon smyrnensis*)：体长约 300 mm，喉、胸均为白色，头、后颈、胸侧及下体均为深赤栗色，背部为蓝绿色或蓝色，嘴、脚、趾均为珊瑚红色。

三宝鸟(*Eurystomus orientalis*)：体形较大，体长约 270 mm。头大，头顶扁平，背部暗蓝绿色，两翼色较亮蓝，腹部蓝绿色且逐渐变淡，嘴、脚朱红色，爪黑色。

斑冠犀鸟(*Anthracoceros coronatus*)：大型鸟类，体长约 770 mm。体背、颏、喉、上胸均为黑色，飞羽先端、尾羽（除中央一对外）先端、腹部则为白色，嘴很大，呈象牙色，嘴上具有一高大的盔突，其前方两侧有一黑色宽带，因而得名，属于国家二级保护动物。

15. 䴕形目

大拟啄木鸟(*Megalaima virens*)：中等体型，体长约 330 mm，体羽主要以棕褐色和草绿色为主，尾下复羽为赤红色，嘴角黄色，嘴峰和端部近黑色。

黑枕绿啄木鸟(*Picus canus*)：体长约 390 mm，雄鸟的前额及头顶的前部鲜红色，通体暗灰绿色，尾羽呈褐色。雌鸟前额及头均呈灰色，尾羽的羽干坚硬如棘。

16. 雀形目

雀形目为种类最多的一个目，我国约有 28 个科。此目鸟类鸣管、鸣肌十分复杂，鸣声婉转动听，故称鸣禽类。

蓝翅八色鸫(*Pitta brachyura*)：体长约 190 mm，头顶棕褐色，纵贯一道黑色贯纹，眉纹乳黄色，头侧黑色，具有黑色领环。背部翠绿色，腰和尾上复羽钴蓝色。尾黑色且具有绿缘。腹部中央及尾下复羽粉红色。蓝翅八色鸫是国家级保护动物。

家燕(*Hirundo rustica gutturalis*)：背面为纯黑色，喉和上胸为栗色，下胸具有一蓝黑色横带，胸以下为纯白色，常在农家的房屋内筑巢繁殖。

金腰燕(*Hirundo daurica*)：形如家燕，背面为金属蓝黑色，腰部具有一栗黄色腰带，杂以黑色羽干纹，故又称麻燕。

白鹡鸰(*Motacilla alba*)：上体除额、头顶、头侧和颈为白色外，全为黑色，下体白色，胸部有一半圆形黑斑。

灰喉山椒鸟(*Pericrocotus solaris*)：耳羽、喉灰色，头余部及颈、背为黑色，腰以下及下体均为红色。雌鸟以亮黄色替代了雄鸟的红色部分，额和上背为暗灰色，喉灰色。

白头鹎(*Pycnonotus sinensis*)：额和头顶黑色，后头、颏和喉白色，又称白头翁。

上体主要为灰绿色,下体主要为白色,腹部具有黄色纵纹,翅、尾黑色而缘以黄绿色。

绿鹦嘴鹎(*Spizixos semitorques*):嘴短而粗大,上喙稍弯曲,略似鹦鹉的嘴,淡黄色,故而得名。头部均为黑色,喉的下方有半月形的白色颈环,体以黄绿色为主,是灌丛常见的鸟类。

棕背伯劳(*Lanius schach*):额、头前部、眼周直到身后,连成一浓黑纵纹。头顶至背为砚灰色,上体余部逐渐转为棕红色。胸和腹棕白色,飞羽和尾羽为黑褐色。

黄鹂(*Oriolus chinensis*):体羽黄色,自鼻孔后缘起,有一道贯眼黑斑直抵枕部,因而又称黑枕黄鹂。翅尾黑色而具有黄斑,雌鸟和雄鸟相似,但头枕部、腰及飞羽的颜色稍绿,是有名的笼鸟。

发冠卷尾(*Dicrurus hottentottus*):体长约 300 mm,体黑色,上体具有金属蓝灰色闪光。额上有一束发状羽,向后垂置于背上。尾呈叉状。外侧尾羽向上卷曲。性情较凶猛,又称铁老鸦。

八哥(*Acridotheres cristatellus*):体长约 257 mm,通体羽毛黑色,有金属光泽。嘴基部有一束长羽,一部分直立成冠。翅上有一大形白色横斑。外侧几枚尾羽具有白色端斑。

红嘴长尾蓝鹊(*Urocissa etythrorhyncha*):头、颈、胸均为黑色,从头顶至后颈杂以灰青色大斑,上体均为蓝灰色。尾长,尾羽为天青色,有宽阔的白色羽端和大形黑色次端斑(中央一对除外),腹部为灰白色,嘴和脚均为珊瑚红色。

灰树鹊(*Crypsirina formosae*):体长约 320 mm,额至眼先为绒黑色,体羽棕褐色,翅和尾均为黑色,具有白色斑,尾下复羽棕黄色。

喜鹊(*Pica pica*):体长约 460 mm,除腰、喉灰白色及肩、腹白色外,通体黑色,具有蓝色闪光,尾较长,约 240 mm。

褐河鸟(*Cinclus pallasii*):通体均纯黑褐色,上体有朱古力色光泽,眼圈部分为白色,善游泳和潜水。

鹊鸲(*Copsychus saularis*):体形似喜鹊,但个体小,约为 210 mm,体背及喉、胸为黑色,腹部白色,中央两对尾羽黑色,外侧者白色,喜鸣叫,叫时尾上翘。

虎斑地鸫(*Zoothera dauma*):体长约 300 mm,上体淡橄榄褐色,各羽具有黑色端斑和金棕色次端斑;下体白色,各羽均具有黑色端斑,下腹部中央白色而无斑。

画眉(*Garrulax canorus*):体长约 211 mm,上体橄榄褐色,下体色较淡,眼圈白色,并具有显著的白色眉纹,鸣叫声十分婉转动听,是有名的笼鸟。

红嘴相思鸟(*Leiothrix lutea*):体长约 150 mm,额、头顶及后颈等均为具黄色的橄榄绿色,上体灰橄榄绿色,颏、喉均灰黄色,胸橙红色,腹和尾下复羽均绿黄色。雄鸟嘴赤红色,基部稍黑色,雌鸟稍暗,是有名的笼鸟。

大山雀(*Parus major*):又称白脸山雀,体形小,约 120 mm,头顶、颏、喉及前胸均黑色,并具有金属反光,两颊白色十分醒目。下背灰蓝色,腹部白色,中央贯以黑色纵带。食昆虫,尤其喜吃毛虫,有森林卫士之称。

白腰文鸟(*Lonchura striata*):体形小,约 120 mm。自头顶至背为砂褐色,具有白色羽干纹,腰部有一白色横带。尾深黑色,胸棕栗色,腹白灰色。盗食谷物,是田间害鸟。

【作业与思考题】

写出标本室鸟类标本名录,根据观察的标本(至少 8 种)制作简易的检索表。

实验二十　哺乳动物的分类

【目的与要求】

(1) 熟悉哺乳动物主要目的特征。
(2) 学习使用检索表进行检索鉴定。
(3) 认识常见代表种及经济种类。

【材料与用具】

(1) 实验动物和材料:哺乳动物标本。
(2) 器材和仪器:卡尺、卷尺、放大镜和显微镜。

【方法与步骤】

爱护实验标本,应小心使用并轻拿轻放。

(一) 哺乳动物常用测量术语

1. 外部的测量

体长:由头的吻端至尾基的长度。
尾长:由尾基至尾尖端的长度。
耳长:由耳尖至耳着生处的长度。
后足长:后肢跗跖部连趾的全长(不计爪)。
此外,尚须鉴定性别,称量体重,并注意形体各部的一般形状、颜色(包括乳头、腺体、外生殖器等),以及毛的长短、厚薄和粗细等。

2. 头骨的测量

颅全长:枕髁至颅底骨后缘间的长度。
颅基长:枕髁至颅底骨前缘间的长度。
基长:枕骨大孔前缘至门牙前基部或颅底骨前端的长度。
眶鼻间长:额骨眶后突后缘至同侧鼻骨前缘间的距离。
吻宽:左、右犬齿外基部间的直线距离。
颧宽:两颧外缘间的水平距离。
眶间宽:两眶内缘间的距离。
颅宽:脑颅部的最大宽度。
听泡宽:听泡两外侧间的距离。

齿隙长：上颌犬齿虚位的最大距离。

(二) 兽类标本的观察与检索

真兽亚纲为高等的胎生种类，具有真正的胎盘；大脑发达。现存哺乳类绝大多数种类属此亚纲，分布遍于全球。

附

我国真兽亚纲常见目检索表

1　具后肢 …………………………………………………………………………… 2
　　缺后肢 …………………………………………………………………………… 12
2　前肢特别发达并具翼膜，适于飞行 ……………………………… 翼手目(Chiroptera)
　　结构不适于飞行 ………………………………………………………………… 3
3　牙齿全缺，身被鳞甲 ………………………………………………… 鳞甲目(Pholidota)
　　有牙齿，体无鳞甲 ……………………………………………………………… 4
4　上、下颌的前方各有1对发达的呈锄状的门牙 ………………………………… 5
　　门牙多于1对，或只有1对而不呈锄状 ………………………………………… 6
5　上颌具1对门牙 …………………………………………………… 啮齿目(Rodentia)
　　上颌具前、后两对门牙 ……………………………………………… 兔形目(Lagomorpha)
6　四肢末端指(趾)分明，趾端有爪或趾甲 ……………………………………… 7
　　四肢末端指(趾)愈合，或有蹄 ………………………………………………… 10
7　前、后足拇趾与其他趾相对 ………………………………………… 灵长目(Primates)
　　前、后足拇趾不与其他趾相对 ………………………………………………… 8
8　吻部尖长，向前超出下唇甚远。正中1对门牙通常明显大于其余各对门牙 ……
　　 ……………………………………………………………………… 食虫目(Insectivora)
　　上、下唇通常等长，正中1对门牙小于其余各对门牙 ………………………… 9
9　体形呈纺锤状，适于游泳；四肢变为鳍状 ………………………… 鳍足目(Pinnipedia)
　　体形通常适于陆上奔走；四肢正常；趾分离，末端具爪 ……… 食肉目(Carnivora)
10　体形特别巨大，鼻长而能弯曲 ……………………………………… 长鼻目(Proboscidea)
　　体形巨大或中等，鼻不延长也不能弯曲 ……………………………………… 11
11　四足仅第3或第4趾大而发达 …………………………………… 奇蹄目(Perissodactyla)
　　四足第3、4趾发达而等大 ………………………………………… 偶蹄目(Artiodactyla)
12　同型齿或无齿，呼吸孔通常位于头顶，多数具背鳍；乳头腹位 … 鲸目(Cetacea)
　　多为异型齿，呼吸孔在吻前端，无背鳍；乳头胸位 ……………… 海牛目(Sirenia)

1. 食虫目(Insectivora)

食虫目动物为小型兽类，四肢短，具有五趾，有利爪；体被软毛或硬棘；吻细长突出，牙齿原始，适于食虫；外耳及眼较退化。大多为夜行性。

附

食虫目常见科检索表

1 眼退化,无耳壳,前掌宽,掌心向外,适于掘土 ················ 鼹科(Talpidae)
  眼正常,有耳壳,四肢正常 ·· 2
2 身体被棘刺或针毛,上白齿齿冠呈方形 ················ 猬科(Erinaceidae)
  身体着生密毛,上白齿齿冠不呈方形 ···················· 鼩鼱科(Soricidae)

　　2. 翼手目(Chiroptera)

　　翼手目动物前肢特化,适于飞翔,具有特别延长的指骨。由指骨末端至肱骨、体侧、后肢及尾之间,着生有薄而韧的翼膜,借以飞翔。第1指或第2指端具有爪。后肢短小,具有长而弯的钩爪;胸骨具有胸骨突起;锁骨发达;齿尖锐。

　　蝙蝠(*Vespertilio superans*):体小型。耳较大,眼小,吻短,前臂长约 31～34 mm。体毛黑褐色。

　　3. 灵长目(Primates)

　　灵长目下大多数种类拇指(趾)与其他指(趾)相对;锁骨发达,手掌(跖部)具有两行皮垫,利于攀缘;少数种类指(趾)端具有爪,但大多具有指(趾)甲。大脑半球高度发达;眼前视,视觉发达;嗅觉退化。

附

灵长目常见科检索表

1 第2手指缩小,第2足趾具尖爪 ·························· 懒猴科(Lorisidae)
  手指和足趾均具扁平的指(趾)甲 ··· 2
2 前肢比后肢长 ·· 长臂猿科(Hylobatidae)
  前后肢等长,或前肢较短 ··························· 猴科(Cercopithecidae)

　　猕猴(*Macaca mulatta*):尾长约为体长的 1/2。颜面和耳多呈肉色;胼胝红色,体毛棕黄色。

　　金丝猴(*Pygathrix roxellanae*):我国名贵特产种类,分布于川南、陕南及甘南的 3 000 m 高山上。体被金黄色长毛;眼圈白色;尾长;无颊囊。

　　4. 鳞甲目(Pholidota)

　　鳞甲目动物体外被覆角质鳞甲,鳞片间杂有稀疏硬毛;不具有齿;舌发达;前爪极长。

　　穿山甲(*Manis pentadactyla*):体背面被角质鳞片,鳞片间有稀疏的粗毛。头尖长,口内无齿,舌细长,善于伸缩。主要食物为白蚁和蚂蚁。

　　5. 兔形目(Lagomorpha)

　　兔形目动物为中小型食草类。上颌具有2对前后着生的门牙,后面1对很小,故又称重齿类。

草兔(*Lepus capensis*)：背毛土黄色，后肢长而善跳跃；耳壳长；尾短。

6. 啮齿目(Rodentia)

在哺乳动物中啮齿目的种类和数量最多，分布遍及全球。体中小型。上下颌各具有 1 对门牙，仅前面被有珐琅质。门牙呈凿状，终生生长；无犬牙(犬牙虚位)；嚼肌发达，适应啮咬坚硬物质。臼齿常为 3/3。

附

啮齿目常见科检索表

1 臼齿列(Pm＋m)等于或多于 4/4 …………………………………………… 2
  臼齿列少于 4/4 ………………………………………………………………… 6
2 臼齿列一般 5/4，上颌第 1 前臼齿甚小，有的仅生 4 齿，身体较小或中等，眶下孔很小，尾毛蓬松 …………………………………………………………………… 3
  臼齿列 4/4，身体较大，眶下孔发达，尾毛不蓬松 ………………………… 4
3 前、后肢间有皮翼 ……………………………………… 鼯鼠科(Petauristidae)
  前、后肢间无皮翼 ……………………………………………… 松鼠科(Sciuridae)
4 体被长硬刺 ………………………………………………… 豪猪科(Hystricidae)
  体无长硬刺 …………………………………………………………………… 5
5 尾大而扁平，无毛而被鳞 ……………………………………… 河狸科(Castoridae)
  尾甚退化 ……………………………………………………… 豚鼠科(Caviidae)
6 臼齿列 4/3 …………………………………………………………………… 7
  臼齿列 3/3 …………………………………………………………………… 8
7 后肢较前肢长 2～2.5 倍，后足具正常发达的五趾，内趾较短，尾端无长毛束，栖于林地或草地 ………………………………………………… 林跳鼠科(Zapodidae)
  后肢较前肢长 4 倍，后足的 2 个侧趾甚退化或不存在，尾端常有长毛束，多栖于荒漠地 ……………………………………………………… 跳鼠科(Dipodidae)
8 成体臼齿的咀嚼面呈条块状的孤立齿环，眼与耳均退化，尾短而无毛或仅有稀毛，适于地下生活 ……………………………………………… 竹鼠科(Rhizomyidae)
  成体臼齿的咀嚼面不呈条块状的孤立齿环，眼与耳正常，尾长 …………… 9
9 第 1、2 上臼齿咀嚼面具有 3 个纵行齿尖，每 3 个并列的齿尖又形成一横嵴 ……
  ……………………………………………………………………… 鼠科(Muridae)
  第 1、2 上臼齿咀嚼面的齿尖不排成 3 纵列 ………………… 仓鼠科(Cricetidae)

灰鼠(*Sciurus vulgaris*)：松鼠科。为重要的毛皮兽，其皮俗称灰鼠皮。夏毛褐色，冬毛灰色；尾具有蓬松长毛；耳尖具有丛毛。

黄鼠(*Citellus dauricus*)：松鼠科。体棕黄色，尾不具有丛毛。

黑线仓鼠(*Cricetulus barabensis*):仓鼠科。体灰褐色,尾短,背中有1条黑色背纹;具有颊囊。

鼢鼠(*Myospalax fontanierii*):仓鼠科。鼢鼠营地下掘穴生活。体似鼹鼠,但体较粗大;吻钝。

小家鼠(*Mus musculus*):鼠科。体较小,门牙内侧有缺刻。

褐家鼠(*Rattus norvegicus*):鼠科。体较大,臼齿齿尖3列,每列3个。

三趾跳鼠(*Dipus sagitta*):跳鼠科。前肢极小。后足仅3趾,长而善跳跃。生活于荒漠地区。

7. 食肉目(Carnivora)

食肉目动物为猛食性兽类。门牙小,犬牙强大而锐利;上颌最后1枚前臼齿和下颌第1枚臼齿特化为裂齿(食肉齿);指(趾)端常具有利爪,利于撕捕食物;脑及感官发达;毛厚密,且多具有色泽。

附

食肉目常见科检索表

```
1  体型粗壮,各足均具有5趾 ·································································· 2
   体型细长(獾例外),后足仅4趾(鼬科、灵猫科5趾) ······························ 4
2  体较小,尾长超过体长之半,上臼齿宽度稍大于长度 ······ 浣熊科(Procyonidae)
   体较大,尾短,最后上臼齿宽度约为最大长度的一半 ································ 3
3  吻短,体白色,四肢黑色 ············································ 大熊猫科(Ailuropodidae)
   吻长,全身黑色或棕色 ························································· 熊科(Ursidae)
4  四肢短,体形细长(獾较粗壮) ············································································ 5
   四肢长,体形正常 ······························································································ 6
5  身体一般较小。臼齿1/2,上臼齿内缘较外缘宽 ················ 鼬科(Mustelidae)
   身体一般较大。臼齿2/2或上臼齿内缘较外缘窄 ············· 灵猫科(Viverridae)
6  头部狭长。爪较钝,不能伸缩。上臼齿具明显的齿尖 ············ 犬科(Canidae)
   头部短圆。爪锐利,能伸缩。上臼齿无明显的齿尖 ················ 猫科(Felidae)
```

赤狐(*Vulpes vulpes*):犬科。体长,面狭,吻尖;四肢较短;尾长且大,超过体长的1/2,尾毛蓬松,端部白色。

黑熊(*Ursus thibetanus*):熊科。吻部钝短,前肢腕垫大,与掌垫相连;胸部有规则的新月形白斑。

黄鼬(*Mustela sibirica*):鼬科。体形细长,四肢短,颈长,头小。尾长约为体长的1/2,尾毛蓬松,背毛棕黄色。

獾(*Meles meles*):鼬科。中或较大型种类。体躯肥壮,四肢粗短。吻尖、眼小。耳、颈、尾均短。毛色为黑褐色与白色相杂。

果子狸(*Paguma larvata*)：灵猫科，又名花面狸。头部从吻端直到颈后有一条白色纵纹，眼下和眼后各有一白斑。脸面部黑白相间，脚全黑色。

豹猫(*Felis bengalensis*)：猫科。体形似家猫的但稍大，尾较粗。眼内侧有两条白色纵纹，体毛灰棕色，杂有不规则的深褐色斑纹。

8. 鳍脚目(Pinnipedia)

鳍脚目适于水中生活。体呈纺锤形，密被短毛。四肢鳍状，5趾间具有蹼。尾短且夹于后肢间。

海豹(*Phoca vitulina*)：体肥壮呈纺锤形。头圆，眼大，无外耳壳，口须长。成体背部苍灰色，杂有棕黑色斑点。

9. 奇蹄目(Perissodactyla)

奇蹄目为草原奔跑兽类。四肢的中指(趾)即第3指(趾)发达，指(趾)端具有蹄。门牙适于切草，犬牙形状似门牙，前白齿与白齿形状相似，嚼面有棱脊，有磨碎食物的作用。单胃，盲肠大。代表动物有野马(*Equus caballus*)。

10. 偶蹄目(Artiodactyla)

第3、4指(趾)同等发达，故称偶蹄，并以此负重(第2、5趾为悬蹄)。尾短；上门牙常退化或消失，有的犬牙形成獠牙，有的犬牙退化或消失，白齿咀嚼面突起型很复杂，不同的科因食性不同而有变化。此目种类众多。

附

偶蹄目常见科检索表

1　上、下颌均具门齿，下犬齿强大而不呈门齿状，白齿具有丘状突(丘齿型)，头上无角 ··· 猪科(Suidae)
　　仅下颌具门齿，下犬齿呈门齿状，白齿具新月状脊棱(月齿型)，角或有或无 ······ 2
2　白齿低冠，上犬齿若存在时呈獠牙状，雄性大都具实角 ············ 鹿科(Cervidae)
　　白齿高冠，无上犬齿，雄性具虚角，雌性的角或有或无 ············· 牛科(Bovidae)

野猪(*Sus scrofa*)：猪科。体形似家猪的体形，但吻部更为突出。体被刚硬的针毛，背上鬃毛显著。毛色一般呈黑褐色。雄猪具有獠牙。

狍(*Capreolus capreolus*)：鹿科。四肢细长，尾短。雄性有角，角短且分三叉。毛质粗脆，冬毛灰棕色，夏毛红棕色。臀部具有白斑。

黄羊(*Procapra gutturosa*)：牛科。雌性不具有角，四肢细而善奔跑。蹄窄、尾短。生活于草原及半荒漠地区。

【作业与思考题】

(1) 总结真兽亚纲主要目的特征。

(2) 从食肉目、啮齿目和偶蹄目等目中各选取4~8种动物编制检索表。

模块十一 动物标本的制作

实验二十一 脊椎动物骨骼标本的制作

【目的与要求】

学习和掌握脊椎动物骨骼标本的基本制作方法。

【材料与用具】

(1) 实验动物和材料：脊椎动物各纲代表动物(任选一种)。

(2) 试剂：氢氧化钠、过氧化氢或漂白粉、汽油或乙醚或二甲苯、乳胶、乙醇。

(3) 器材和仪器：解剖器、解剖盘、塑料槽(塑料桶)、针、线、填充物(棉花、竹丝或纸条均可)、铁丝、木板(或彩花纸板)、天平、卷尺、竹棍、牙刷、毛笔。

【方法与步骤】

1. 选材

选取体形正常、结构完整的新鲜脊椎动物作为实验材料。动物不宜过小，太小的动物骨骼未必发育完全，而且影响标本美观；也不宜过大，将太大的动物制成骨骼标本需要较长的时间，难度大，而且成本会增加。

制作鱼类标本时，鲫鱼和鲤鱼等以身长为 15 cm 以上为宜；制作两栖动物标本时，最好选用成熟的蟾蜍或牛蛙而不选择青蛙，因为青蛙的骨骼瘦小，欠缺美观；鸟类宜选用成熟个体；兽类则需具体情况具体分析，成熟个体和幼体都可以；被猎杀的鸟兽，要视骨骼完整情况来确定是否选用。

2. 处死

无论采取何种方法处死动物，都必须使动物骨骼保持完整，因此蛙蟾类是不能用双毁髓法处死的。处死方法主要有：窒息死亡，如鸟类、小型哺乳动物；麻醉死亡，如两栖类、爬行动物；自然死亡，如使鱼类离水。蛇类有一定的危险性，可以将装有蛇的网兜口封紧，直接放入开水中烫死，或将其放入 70% 乙醇中使其死亡；黄鳝亦可依此法。家兔等可采用静脉注射空气的方法处死。将处死的动物清洗或整理后放入解剖盘中。

3. 剔除肌肉

(1) 去掉皮肤及其附属物。首先，刮去鱼类的鳞片，剥掉蛙蟾类、鸡鸽鹌类、小型兽类以及蛇的皮。黄鳝不需剥皮；龟背面的角质盾片也可以在热处理后去掉。

(2) 去掉动物内脏。对蛙蟾类、鸡鸽鹌类、小型兽类等动物，用镊子轻夹腹壁肌肉，用剪刀剪开腹腔壁，扒出内脏，放入指定垃圾桶内，清洗动物体，擦干水分。在剪开蛙蟾体腔时，不要损坏剑胸骨。蛇的两侧肋骨张得较开，可直接沿腹面正中线处剪开体壁,清除掉内脏;也可在剔除肌肉后,清除内脏。黄鳝无肋骨,去内脏方法与此相同。鱼的内脏要等到肌肉剔除后再清除。用解剖刀或其他刀具将龟的背甲和腹甲对称切开,再弃去内脏。

（3）粗剔大块肌肉。用解剖刀剔除鱼类与脊柱对应位置的肌肉、蛙蟾类四肢肌肉及背部肌肉、蛇和黄鳝脊柱背部的肌肉、鸡鸽鹌类四肢肌肉、小型兽类背腹部大块肌肉和四肢肌肉。要注意对软骨的保存,如蛙胸骨上的软骨及舌骨、鸡胸骨上的软骨部分等。

（4）精剔较小的肌肉。用大镊子将动物体(也可用细塑料绳固定动物)放入沸水中烫一下,使肌肉收紧,变得容易剔除。但热处理时间一般不要超过 1 min。对于蛙、蟾、蛇和鳝来说,热处理时间越短越好;对个体较大的动物来说,可将热处理—剔除过程反复多次。但是,精剔鱼类较小肌肉时,不可用热处理的方法,因为鱼的头骨、鳍经开水处理后极易散架损坏,因此,需要用冷剔替代热剔。剔除细小肌肉时,鱼、蛙、蟾的头骨与脊柱不可弄断,骨骼间的一些韧带最好保留。

另外,可以将一些动物的附肢从母体上分离出来,如蛙、蟾、鸟、兽、龟、鳖的前肢和后肢,以及鱼的背鳍、腹鳍、臀鳍,以利于肌肉的分离。

对于细小而又零碎的骨骼要注意保存,如蛙蟾的舌骨和胸骨,以及蛙、蟾、鸟、兽、龟、鳖的指(趾)骨和肋骨,同时要注意骨的连接以及骨骼之间的相对位置。

4. 剔吸脑髓、脊髓和骨髓

如果保留脑髓、脊髓和骨髓,易使骨骼发黄变黑,且有臭味,因此必须清除。将解剖针从枕骨大孔处伸入到脑颅中,旋转解剖针,捣碎脑髓,将脱脂棉条顺时针旋入脑颅中并旋出,重复 3~4 次,吸出脑髓。尽可能吸出鸟、兽、龟、鳖的脊髓。对于蛙、蟾、鸟、兽、龟、鳖等长骨中的骨髓,用解剖针或小钻头从两端或中间钻孔后,反复用脱脂棉条旋转吸出。

5. 腐蚀与脱脂

选择大小合适的塑料槽,倒入适量 0.4%~0.8%氢氧化钠溶液。将每个标本的骨骼主体、附肢骨骼轻轻放入塑料槽中腐蚀和脱脂,溶液要完全浸没骨骼。如果是学生分组实验,标本较多,从节约出发,可将大小一致的同种动物骨骼整体用双层纱布轻轻地包好,依次放入装有氢氧化钠溶液的塑料桶中腐蚀。为了防止各自的标本被混淆,可在纱布上放一根带标签的棉线。因为所需氢氧化钠溶液浓度不同,腐蚀时间长短不一,不同种动物骨骼最好不要放在一起腐蚀。集体腐蚀时,要避免骨骼之间相互挤压拉扯,切忌骨骼弯曲。

腐蚀脱脂时,对氢氧化钠溶液的浓度要注意把握。一般来说,鱼类、蛙蟾类、黄鳝、蛇、幼兔所需浓度要低些,0.4%~0.5%即可;鸡鸽鹌类、小型兽类、龟、鳖所需浓度应高些,为 0.6%~0.8%。腐蚀脱脂时长为 6~36 h,具体时间要视标本的大小和腐蚀脱脂情况而定。也可把粗大的骨骼另外放在较高浓度的溶液中。因此,要随时注意观察,以免腐蚀过度,导致骨与骨之间的韧带断开,骨骼散架。

腐蚀结束,取出骨骼,用清水漂洗干净,用小镊子或解剖针仔细轻剔残留的肌肉屑,用牙刷刷洗。鱼类头骨上的肌肉和鳃盖膜、鳃条骨及其他骨骼间的一些膜,需用牙刷刷掉。

时间稍长,氢氧化钠往往有较好的脱脂效果。用手帕纸擦拭骨骼表面、脑颅、骨髓腔,如果纸上没有出现油渍,表明脱脂完成,否则需继续脱脂。

有些被肌肉覆盖的部分,脱脂效果肯定不佳,可用棉布将骨骼水分吸干,然后浸入汽油或二甲苯中脱脂,时间一般不超过 5 h,取出洗净,晾干。

6. 漂白

将骨骼浸入 1%～2%的过氧化氢中 6～24 h,待骨骼变洁白时取出,用清水冲洗干净。漂白的具体时间要依据过氧化氢的浓度、温度、标本的大小等因素而定。一些漂白好的骨骼,往往透明有光泽。漂白时间过长,骨骼表面常形成小洞;漂白时间过短,骨骼常常发黄或变黑。

7. 成形与装架

成形与装架一般在骨骼完全晾干后进行,但黄鳝、蛇的骨骼完全晾干后则变得僵硬,不易造型,应在骨骼柔软时定形、装架。

(1) 选定台板。根据动物骨骼主体的长短、宽窄选取长条形木板作为固定标本的台板。例如,废弃的木地板牢固厚重,适于作为家兔等较大动物的台板;彩花纸板可作为鲫鱼、蛙蟾类、黄鳝等小型动物的台板使用。

(2) 固定支柱(架)。依据动物骨骼的重量选取粗细合适的金属丝作为支柱,依据动物骨骼主体长短、四肢位置确定支柱(架)的数量和位置。在台板中线或相应位置选取合适的距离钻孔,将金属丝穿透台板,一端纳入台板底面的小槽中固定。鱼类、龟、鳖的骨骼标本需要支架,鸟类、兽类的四肢需要用支柱固定。如标本的头骨较大较重,可专门设置一个支架。

(3) 骨骼主体上架固定。将鱼类、黄鳝、蛇的脊柱固定在支柱上,黄鳝、蛇的标本也可直接粘在台板上。将金属丝穿入鸟类、兽类的四肢长骨中,调整四肢与脊柱的相对位置,造型。

(4) 固定其他骨骼。制作过程中,一些骨骼与主体分离,此时应把它们连接在正确的部位上。将鱼的腹鳍(含腰带)、臀鳍(含鳍担骨)、背鳍(含支鳍骨)分别用胶水(如 502 胶水)黏附在相应的位置。胸鳍、腹鳍、臀鳍展开方向与鱼体纵轴一致。也可用长短合适的铜丝或细棉线把腹鳍、臀鳍挂在脊柱的相应位置上。注意,勿使胶水腐蚀手指。对于四足类动物,要将散开的腕骨、掌骨、指(趾)骨用胶水黏附在四肢骨上,注意彼此的顺序。蛙的舌骨可黏附在头骨下的台板上。

8. 标注骨骼标本

用数码相机拍照后,依据骨骼标本图片标注各骨骼的名称,注明图片名称、作者和制作时间。将标本图片贴在台板上的相应位置。标本的评分标准见表 11-1。

表 11-1　标本的评分标准

评价指标	权重	评价标准	评价指标	权重	评价标准
肌肉剔除	0.15	骨骼上是否有肉屑	标本完整性	0.30	骨骼，特别是头骨、指（趾）骨、肋骨、支鳍骨是否完整
脑髓处理	0.05	标本是否残留有脑髓、脊髓和骨髓	骨骼漂白	0.10	一月之后，骨骼是否发黄变黑，骨有无孔洞
骨连接	0.10	骨相对位置是否正确，如肩带和腰带、指（趾）骨	骨连接	0.10	骨连接是否牢固
标　注	0.05	对骨骼组成的说明是否具体、正确	标本整体	0.15	标本整体是否协调、自然、美观

【作业与思考题】

选择一种脊椎动物，制作骨骼标本。

模块十二 动物生态

【案例研究】

土壤动物的调查

土壤动物是指永久或暂时生活在土壤中并对土壤产生一定影响的动物,通常包括原生动物、扁形动物、线形动物、软体动物、环节动物、缓步动物和节肢动物。依据食性,土壤动物可分为捕食性、植食性和腐食性三类;依据体型大小可分为大型、中型和小型土壤动物。体长大于 2 mm 的,如蚯蚓、蜈蚣和蜘蛛属于大型土壤动物;体长介于 0.2~2 mm 的为中型土壤动物,如线虫、螨螨、跳虫等;体长小于 0.2 mm 的为小型土壤动物,如变形虫、纤毛虫等。作为土壤生态系统中不可分割的组成部分和主要生物类群之一,土壤动物占据不同的生态位,在分解残体、改变土壤理化性质、土壤形成与发育、物质迁移与能量转化等方面发挥重要作用。由于土壤动物的群落结构与土壤生态系统不同方面的信息相互关联,因此土壤动物可以作为土壤污染或者土壤生态系统恢复的生物指标。

大冶矿区位于湖北省大冶市,地处湖北省"冶金走廊"腹地,东经 114°31′~115°20′,北纬 29°40′~30°15′,属于亚热带向中亚热带过渡自然地带,为季风性大陆气候,夏季盛行东南风,冬季多西北风。全年平均气温 17 ℃,年均降雨量 1 300 mm,年蒸发量 1 520 mm。由于中生代燕山酸性岩浆岩侵入到石灰岩中,形成了许多亲铜元素和亲铁元素的硫化矿、氧化矿等矿床。大冶矿区分布有较大的铜矿、铁矿、煤矿和石灰石等矿业基地。经过多年开采,仅武钢大冶铁矿形成了占地面积达 400 万平方米的废石场,废石多为大理石、闪长岩等坚硬岩石,块径大,硬度大,难风化,不保水,难固氮,不具备植物生长条件,普通植物难以生长。从 1988 年开始,经过不懈努力,绿化复垦人员成功地在硬岩废石场不覆土条件下种植了刺槐等树木,使昔日的废石场变成了面积达 366 万平方米的亚洲最大的硬岩绿化复垦基地,创造了"石头上种树"的奇迹。

本研究采取野外调查与采样分析相结合的方法,对大冶矿区硬岩绿化复垦基地的土壤动物群落进行研究,探讨人工绿化复垦后土壤动物的数量组成与结构,揭示人工绿化复垦后土壤动物多样性变化规律,为矿区生态恢复与生态建设提供科学依据。

【目的与要求】

(1)通过本实验,掌握土壤动物野外调查与采样分析方法,能够熟练利用检索工具对土壤动物进行分类,并制作大冶矿区硬岩绿化复垦基地土壤动物检索表。

(2)能够根据调查数据撰写调查报告,分析土壤动物的群落组成、多样性特征与各种指数及群落的动态特征,并能够在该实验基础上进行扩展,探讨大冶矿区硬岩绿化复垦基地土壤动物多样性与土壤理化性质的关系。

【材料与用具】

（1）试剂：70%乙醇。

（2）器材和仪器：卷尺、尼龙纱布、标签纸、记号笔、黑布袋、无菌密封塑料袋、土壤采样器、Tullgren漏斗、解剖镜、检索参考资料。

【方法与步骤】

（一）样点设置与标本采集

根据大冶矿区绿化复垦基地地形、植被类型等实际情况设置采样点，数量以能够代表绿化复垦基地不同地形、植被等特征为宜。在设置好的样点内，按照"品"字形布设3个30 cm×30 cm的样方。在每个样方采集凋落物（10 cm×10 cm）1份，分别用100目尼龙纱布包好，贴上标签装入黑布袋中。用土壤采样器取样，每个样点取样3个，将土样装入纸袋或无菌密封塑料袋中，贴上标签带回实验室。由于土壤层较薄，样品不分层。6月、8月和11月各采集一次。

（二）土壤动物的分离与鉴定

大型土壤动物就地进行手捡分离，捡出后用70%乙醇固定，编号存放。

中小型土壤动物用Tullgren干漏斗法分离。将已经分离出大型土壤动物的样品倒入网筛中，轻轻装在Tullgren漏斗上；漏斗下放置盛有70%乙醇的培养皿，60 W光照收集48 h。

将手捡和分离的土壤动物标本放置在双筒解剖镜下进行初步分类鉴定，同时统计种类和个体数量。分类检索参考《中国土壤动物检索图鉴》、《中国亚热带土壤动物》、《昆虫分类图谱》和《昆虫分类学》。

（三）数据统计

1. 类群数量等级

个体数占总数的10%及以上的为优势种群，占1.0%～10%的为常见种群，占1.0%以下的为稀有种群。

2. Shannon-Wiener 多样性指数

$$H' = -\sum_{i=1}^{S} p_i \ln p_i$$
$$H'_{max} = \log_2 S$$

式中：$p_i = \frac{N_i}{N}$；H'为Shannon-Wiener指数；S为物种总数；P_i为物种i的个体数占群落中总个体数的比例；N_i为物种i的个体数；N为样本个体总数。

Shannon-Wiener多样性指数来源于信息理论，表示系统中物种出现的紊乱和不确定程度，该值越大，物种的多样性越高。该指数中包含两个因素，一是物种的丰富度，二是物种个体的均匀性。物种数量的增加或物种个体分配均匀性的增加都会使多样性提高。

3. Pielou 均匀度指数

$$J_{sw} = \frac{H'}{H'_{max}} = \frac{H'}{\ln S}$$

式中:H'为实际观察的物种多样性指数;H'_{max}为最大的物种多样性指数;S为样方中的物种总数。

均匀性是指一个群落或生物环境中全部物种个体数目的分配状况,反映各物种个体数目分配的均匀程度,均匀度指数值越大,说明物种个体数目在全部物种之间分配得越均匀。

4. Simpson 优势度指数

$$D = \sum_{i=1}^{S} p_i^2$$

式中:D为 Simpson 多样性指数;P_i为物种i的个体数占群落中总个体数的比例。

Simpson 多样性指数是群落个体集中程度的一种表示,值越大,表明多样性和均匀性越差。

5. Margalef 丰富度指数

$$d = \frac{S-1}{\ln N}$$

式中:d为 Margalef 丰富度指数;S为物种总数;N为观察到的个体总数。

6. 群落相似性系数

$$q = \frac{c}{a+b-c}$$

式中:q为 Jaccard 群落相似性系数;a、b分别为 A、B 样地的类群数;c为 A、B 样地共有的类群数。

相似性指数q为 0.75~1.0,表示两群落极相似;q为 0.5~0.75,表示中等相似;q为 0.25~0.5,表示中等不相似;q为 0~0.25,表示极不相似。

$$S_m = \frac{2\sum M_W}{M_A + M_B}$$

式中:S_m为 Motyka 群落相似性系数;M_W为 A、B 两个群落共有种的较小定量值;M_A为 A 群落中全部物种的定量值总和;M_B为 B 群落中全部物种的定量值总和(定量值以个体数代替)。

S_m为 75~100,表示两群落极相似;S_m为 50~75,表示中等相似;S_m为 25~50,表示中等不相似;S_m为 0~25,表示极不相似。

群落相似性是指群落的相似程度,一般多用 Jaccard 群落相似性系数来衡量。Jaccard 群落相似性系数只考虑动物类群的有无,Motyka 群落相似性系数考虑群落中各类群的数量特征。群落相似性除了组成相似性,还包括相同组成的个体数量的相似程度,因此应综合考虑这两个指数才能够较全面衡量两群落之间的相似程度。

将获得的数据输入 Excel 进行初步整理，利用 SPSS16.0 和 DPS 软件进行数据处理与分析。

【思考与拓展】

（1）按分类系统列出你所调查的土壤动物名录。

（2）挑出 10 种动物编制检索表。

（3）分析土壤动物的群落组成、多样性特征与各种指数及群落的动态特征。

（4）由于凋落物与土壤层是土壤动物的栖息场所，因此凋落物的储存量、分解状态和速率及土壤的理化性质直接影响了土壤动物群落的多样性。土壤动物反作用于土壤，在有机质的分解、养分循环、改善土壤结构和土壤肥力方面扮演着十分重要的角色。因此，二者关系密切。请在以上实验基础上，设计实验以测定大冶铁矿绿化复垦基地土壤的各种理化性质，分析其与土壤动物多样性之间的相互关系。

【参考文献】

[1] 郑荣泉.重金属污染对土壤动物群落结构及生理影响的研究[D].杭州：浙江师范大学硕士学位论文,2007.

[2] 张晓光.蛟河公路边坡植被恢复后土壤动物群落特征研究[D].长春：东北师范大学硕士学位论文,2009.

[3] 林英华,宋百敏,韩茜,等.北京门头沟废弃采石矿区地表土壤动物群落多样性[J].生态学报,2007,27(11):4832-4839.

[4] 申燕,郑子成,李廷轩.茶园土壤动物群落结构特征及其与土壤理化特性的关系[J].浙江大学学报(农业与生命科学版),2010,36(5):503-512.

[5] 胡学玉,孙宏发,陈德林.大冶矿区土壤重金属积累对土壤酶活性的影响[J].生态环境,2007,16(5):1421-1423.

附

土壤动物纲、目检索表

1	有壳或茧 ···	2
	无壳或茧 ···	6
2	壳 ···	3
	茧,2 mm 以上 ···	鳞翅目(Lepidoptera)茧
3	壳非螺旋状,呈馒头状或壶状,0.3 mm 以下 ·························	根足纲(Rhizopodea)
	壳螺旋状 ··	4
4	壳口有盖 ···	中腹足目(Mesogastropoda)
	壳口无盖 ··	5
5	眼在触角顶端,壳小至大 ··	柄眼目(Stylommatophora)

	眼在触角基部,壳微小(高 2 mm) ················	基眼目(Basommatophora)
6	无足 ··	7
	有足 ··	16
7	头明显,色较体深 ··	8
	无明显头部 ··	9
8	体细棒状 ··	双翅目(Diptera)幼虫
	体粗短 ···	鞘翅目(Coleoptera)幼虫
9	无体节 ···	10
	有体节 ···	12
10	前端扩大成半月形 ··············	涡虫纲(Turbellaria)笄蛭涡虫科(Bipaliidae)
	前端不扩大 ··	11
11	体圆筒状 ···	线虫动物门(Nematoda)
	体扁平(横切面) ··	涡虫纲(Turbellaria)
12	体节 20 节以上 ···	13
	体节 19 节以下 ···	15
13	体圆筒状,两端细 ··	14
	体扁平,两端有吸盘 ···	蛭纲(Hirudinea)
14	体粗大,色深 ··	寡毛纲(Oligochaeta)蚯蚓
	体细小,乳白色,长 0.1~5 cm ·······························	寡毛纲(Oligochaeta)线蚓
15	体长 2 mm 以上 ···	双翅目(Diptera)幼虫
	体长 0.7 mm 以下 ··	轮形动物门(Rotifera)
16	有肉质宽阔腹足 ···············	腹足纲(Gastropoda)柄眼目(Stylommatophora)
	有分节足 ···	17
17	足 3 对 ···	昆虫纲(Insecta) 18
	足 4 对以上 ··	45
18	触角不明显可见,无翅 ··	19
	触角明显可见 ··	20
19	头前端尖,橡实状;前足镰状弯曲;头色与体色几乎相同,淡色 ··············	
	···	原尾纲(Protura)
	头卵形;前足不为镰状弯曲;头色多较体深 ············	鞘翅目(Coleoptera)幼虫
20	无翅 ···	21
	有翅 ···	38
21	无尾端突起 ··	22
	有尾端突起 ··	25
22	口器咀嚼式 ··	23
	口器刺吸式 ···	半翅目(Hemiptera)

23	大颚显著 ……………………………………………………………	24
	大颚不显著 ……………………………………………………………	34
24	体宽阔 ………………………………………………	脉翅目(Neuroptera)
	体细长 ………………………………	膜翅目(Hymenoptera)蚁科(Formicidae)
25	尾端1根突起 …………………………………………………………	26
	尾端2根或3根突起 …………………………………………………	27
26	尾端突起筒状 ………………………………………	缨翅目(Thysanoptera)
	尾端突起末端分为2部分 …………………………	弹尾目(Collembola)
27	尾端2根突起 …………………………………………………………	28
	尾端3根突起角状或丝状 …………………………	石蛃目(Microcoryphia)
28	尾端2根突起角状或丝状 ……………………………………………	30
	尾端2根突起铗状 ……………………………………………………	29
29	尾端2根铗状突起色淡 ……………………………	双尾目(Diplura)
	尾端2根铗状突起色深 ……………………………	革翅目(Dermaptera)
30	尾端2根突起丝状 ……………………………………………………	31
	尾端2根突起角状 ……………………………………………………	32
31	前胸较中、后胸小 …………………………………	双尾目(Diplura)
	前胸较中、后胸大 …………………………………	蛩蠊目(Grylloblattodea)
32	前足末节膨大 ………………………………………	纺足目(Embioptera)
	前足末节不膨大 ………………………………………………………	33
33	触角短小 ……………………………………………	鞘翅目(Coleoptera)幼虫
	触角长,鞭状 ………………………………………	蜚蠊目(Blattoptera)
34	触角肘状弯曲 ………………………………………	蚁科(Formicidae)
	触角不肘状弯曲 ………………………………………………………	35
35	触角3~4节 …………………………………………………………	36
	触角13节以上 ………………………………………………………	37
36	触角微小或细小 ……………………………………	鞘翅目(Coleoptera)幼虫
	触角粗短 ……………………………………………	弹尾目(Collembola)
37	触角鞭状 ……………………………………………	啮虫目(Psocoptera)
	触角念珠状 …………………………………………	等翅目(Isoptera)
38	前后翅羽状 …………………………………………	缨翅目(Thysanoptera)
	前后翅不一致,后翅膜质 ……………………………………………	39
39	前翅硬,不透明;后翅膜质 …………………………………………	40
	前翅至少一半膜质;后翅膜质 ………………………………………	43
40	前翅长,几乎覆盖全腹 ……………………………	鞘翅目(Coleoptera)成虫
	前翅短,腹大部外露 …………………………………………………	41

41	尾端有铗 ……………………………………	革翅目(Dermaptera)
	尾端无铗 ……………………………………………………	42
42	头细长,尖 ……………………………………	半翅目(Hemiptera)
	头不尖 ……………………………………………	鞘翅目(Coleoptera)成虫
43	刺吸式口器 …………………………………	半翅目(Hemiptera)
	咀嚼式口器 ……………………………………………………	44
44	头大部分不见 ………………………………	蜚蠊目(Blattoptera)
	头全部可见 …………………………………	直翅目(Orthoptera)
45	足4对 …………………………………………………………	46
	足5对以上 ……………………………………………………	54
46	体前有螯钳 ……………………………………………………	47
	体前无螯钳 ……………………………………………………	51
47	无尾 ……………………………………………………………	48
	有尾 ……………………………………………………………	49
48	眼2个,在头胸部中央,体长2～10 mm ……	盲蛛目(Opiliones)
	眼0～2个,在头胸部侧缘,体长1～5 mm ……	伪蝎目(Pseudoscorpiones)
49	有短尾 ………………………………………	裂盾目(Schizomida)
	有长尾 …………………………………………………………	50
50	尾粗壮,末端有毒腺 …………………………	蝎目(Scorpionida)
	尾丝状 ………………………………………	有鞭目(鞭蝎)(Uropygi)
51	头胸部与腹部间收缩如细柄 ………………	蜘蛛目(Araneida)
	体完整,无明显收缩 ……………………………………………	52
52	爪1～3个,足细,分节 …………………………………………	53
	爪4～10个,足粗短,不分节 ………………	缓步动物门(熊虫)(Tardigrada)
53	体长2～10 mm,足极细长 …………………	盲蛛目(Opiliones)
	体长0.2～3 mm,极小,足不极长 ……………	蜱螨目(Acarina)
54	体卷曲成球,活时完全为球形,死后呈半开合状 ………… 55
	体卷曲成螺卷状或体直,不卷曲 …………………………… 56
55	体两侧几乎平行,灰色,略有光泽,足7对(每节1对)…… 甲壳纲(Crustacea)等足目(Isopoda)
	体前方稍宽,后缩小,有光泽,足15对以上 … 倍足纲(Diplopoda)
56	触角不分支 …………………………………………………… 57
	触角末端分2支,体长3 mm以下 ………… 蜴线纲(Pauropoda)
57	体虾形,左右侧扁,活体善跳跃,乙醇浸制标本粉红 …… 甲壳纲(Crustacea)端足目(Amphipoda)
	体其他形状 …………………………………………………… 58

58	体衣鱼状,侧看略呈"S"形,体长 1～4 mm ·········	猛水蚤目(Harpacticoida)
	体其他形状 ··	59
59	体稍宽阔,背腹扁平 ··	60
	体细长,带状或蚕状 ··	61
60	足 7～8 对(每节 1 对),行动敏捷 ······················	等足目(Isopoda)
	足 10 对以上(大多每节 2 对),尾无突起,行动极缓慢 ·····	倍足纲(Diplopoda)
61	体前方足 3 对,后方 3～5 对,足粗,疣状,触角不易见·············	
	··	鳞翅目(Lepidoptera)幼虫
	足在体上等间隔排列,形状大致相等,触角易见 ··········	62
62	尾端无足和突起,体长 0.5～6 cm,受惊散发恶臭,行动缓慢·········	
	··	倍足纲(Diplopoda)
	尾端有 1 对足或芽状突起 ··································	63
63	尾端有 1 对芽状突起,体长 1 cm 以下,白色,行动敏捷 ·····	综合纲(Symphyla)
	尾端的 1 对足长于其他足,体长 0.5～14 cm,行动敏捷 ·········	
	··	唇足纲(Chilopoda) 64
64	足 15 对以下 ··	65
	足 21 对以上 ··	66
65	触角长,有多数节 ··	蚰蜒目(Scutigeromorpha)
	触角约有 20 节 ··	石蜈蚣目(Lithobiomorpha)
66	足 21 或 23 对,体大而粗壮 ······························	蜈蚣目(Scolopendromorpha)
	足 31 对以上,短,体细 ······································	地蜈蚣目(Geophilomorpha)

参考文献

[1] 白庆笙,王英永.动物学实验[M].北京:高等教育出版社,2007.
[2] 崔言顺.生物科学基础实验[M].北京:高等教育出版社,2007.
[3] 杨琰云,韦正道,屈云芳.动物学实验教程[M].北京:科学出版社,2005.
[4] 刘凌云,郑光美.普通动物学实验指导[M].2版.北京:高等教育出版社,1998.
[5] 刘凌云,郑光美.普通动物学[M].3版.北京:高等教育出版社,1997.
[6] 黄诗笺.动物生物学实验指导[M].北京:高等教育出版社,2001.
[7] 丁汉波.脊椎动物学[M].北京:高等教育出版社,1984.
[8] 柯柏特 E H.脊椎动物的进化[M].周明镇,等译.北京:科学出版社,1964.
[9] 南开大学动物解剖室.实验动物解剖学[M].北京:人民教育出版社,1977.
[10] 邢贵庆.解剖学及组织胚胎学[M].3版.北京:人民卫生出版社,1998.
[11] 马克勤,郑光美.脊椎动物比较解剖学[M].北京:高等教育出版社,1984.
[12] 江静波.无脊椎动物学[M].3版.高等教育出版社,1995.
[13] 任淑仙.无脊椎动物学[M].北京:北京大学出版社,1990.
[14] 孙儒泳.动物生态学原理[M].2版.北京:北京师范大学出版社,1992.
[15] 麦尔 E.动物分类学的方法和原理[M].郑作新译.北京:科学出版社,1965.
[16] 陈义.无脊椎动物学[M].北京:商务印书馆,1956.
[17] 陈世骧.进化论与分类学(修订版)[M].北京:科学出版社,1987.
[18] 杨安峰.脊椎动物学(修订本)[M].北京:北京大学出版社,1992.
[19] 郑作新.脊椎动物分类学[M].3版.北京:农业出版社,1982.
[20] 郑乐怡.动物分类学原理与方法[M].北京:高等教育出版社,1987.
[21] 张荣祖.中国动物地理[M].北京:科学出版社,1999.
[22] 张銮光.动物学基础与动物地理学[M].北京:高等教育出版社,1965.
[23] 郝天和.脊椎动物学(上册)[M].北京:高等教育出版社,1959.
[24] 郝天和.脊椎动物学(下册)[M].北京:高等教育出版社,1964.
[25] 徐芳南,甘运兴.动物寄生虫学[M].北京:高等教育出版社,1965.
[26] 姜在阶,刘凌云.烟台海滨无脊椎动物实习手册[M].北京:北京师范大学出版社,1986.
[27] 堵南山.无脊椎动物学[M].2版.上海:华东师范大学出版社,1992.
[28] 堵南山.无脊椎动物学教学参考图谱[M].上海:上海教育出版社,1988.
[29] Alexander R M. The Invertebrates[M]. London: Cambridge University Press, 1979.
[30] Alexander R M. The Chordates[M]. London: Cambridge University Press, 1975.

[31] Andrew W, Hickman C P. Histology of Vertebrates[M]. Sant Louis: The CV Mosby Co., 1974.

[32] Ballard W W. Comparative anatomy and embryology[M]. New York: The Ronald Press Co., 1964.

[33] Chapman R F. The insects structure and function[M]. London: Cambridge, 1982.

[34] Doris R L, et al. Zoology[M]. Scarborough: Saunders College Publishing, 1991.

[35] 徐飞. 生物标本制作工艺及科学管理与保藏实务全书[M]. 北京: 中国知识出版社, 2005.

[36] 郑明顺, 姜玉霞, 金志民. 生物标本技术[M]. 哈尔滨: 东北林业大学出版社, 2004.